FORSCHUNGSBERICHTE DES LANDES NORDRHEIN-WESTFALEN

Nr. 1237

Herausgegeben
im Auftrage des Ministerpräsidenten Dr. Franz Meyers
von Staatssekretär Professor Dr. h. c. Dr. E. h. Leo Brandt

DK 677.022.42.001.5:65.012.66

Verband Deutscher Streichgarnspinner e.V., Düsseldorf

*Bearbeitet vom Forschungsinstitut für Rationalisierung
an der Rhein.-Westf. Technischen Hochschule Aachen
Direktor: Prof. Dr.-Ing. Joseph Mathieu*

Betriebsvergleich in den Streichgarnspinnereien
Teil I

SPRINGER FACHMEDIEN WIESBADEN GMBH 1963

ISBN 978-3-663-20032-1   ISBN 978-3-663-20388-9 (eBook)
DOI 10.1007/978-3-663-20388-9
Verlags-Nr. 011237

© 1963 by Springer Fachmedien Wiesbaden

Ursprünglich erschienen bei Westdeutscher Verlag, Köln und Opladen 1963

Gesamtherstellung: Westdeutscher Verlag

Inhalt

1. Vorwort 7
2. Einführung und Aufgabenstellung 8
3. Beschreibung der Methode 10
4. Durchführung des Betriebsvergleiches 12
   - 4.1 Erfassung der Daten 12
   - 4.2 Gang der Rechnung 14
   - 4.21 Betriebs- und Hilfsstoffe 14
   - 4.22 Lohnkosten, Gehaltskosten und soziale Aufwendungen 15
   - 4.23 Kalkulatorische Kosten 17
   - 4.24 Energiekosten 19
   - 4.25 Raumkosten 20
   - 4.26 Fertigungshilfsstellen und Sonstige Umlagen 20
   - 4.27 Materialgemeinkosten 21
   - 4.28 Verwaltungs- und Vertriebskosten 21
   - 4.29 Ermittlung der durchschnittlichen metrischen Nummer 22
5. Beispiele für die graphische Darstellung der Ergebnisse 23
6. Spinnmarge 37
   - 6.1 Abhängigkeit der Spinnmarge von der metrischen Nummer 37
   - 6.11 Darstellung der Ergebnisse 37
   - 6.12 Regressionsrechnung 41
   - 6.2 Abhängigkeit der Spinnmarge von der Partiegröße 43
7. Zusammenfassung der Ergebnisse und Einschränkung der Vergleichbarkeit 45
8. Kostenarten- und Kostenstellenplan 47

1. Vorwort

Das Forschungsinstitut für Rationalisierung an der Technischen Hochschule Aachen unter Leitung von Herrn Prof. Dr.-Ing. MATHIEU erhielt 1959 vom Verband Deutscher Streichgarnspinner den Auftrag, einen überbetrieblichen Kosten- und Leistungsvergleich in den Streichgarnspinnereien durchzuführen.

Für diesen Betriebsvergleich hat das Land Nordrhein-Westfalen erhebliche Mittel zur Verfügung gestellt, wofür der Verband Deutscher Streichgarnspinner an dieser Stelle besonders danken möchte.

Das Forschungsinstitut für Rationalisierung hat mit Hilfe seiner Untersuchungs- und Vergleichsmethoden einen Betriebsvergleich aufgebaut, der durch zwischenbetriebliche Vergleiche ein schnelles und zuverlässiges Auffinden von möglichst wirtschaftlichen Herstellverfahren gestattet und damit eine wichtige Aufgabe der Rationalisierung erfüllen hilft.

In den Jahren 1958 und 1959 haben unter der Leitung von Herrn Prof. Dr.-Ing. MATHIEU die Herren Dr.-Ing. W. FRENZ, Dipl.-Ing. H. GENDRIESCH, Dr.-Ing. J. H. JUNG, Dipl.-Ing. W. KLEUTGENS und Dr.-Ing. J. P. ROCKSTUHL einen Betriebsvergleich für die Streichgarnspinnereien erarbeitet, dessen Ergebnisse in der Textilindustrie anerkannt und als richtungweisend beachtet wurden.

Während die vollständigen zahlenmäßigen Ergebnisse nur dem Kreis der an der Untersuchung Beteiligten zugänglich gemacht worden sind, wird hier in zusammengefaßter Form dargestellt werden, wie der Betriebsvergleich aufgebaut ist und wie er eine Beurteilung der Leistung in den verschiedenen Betriebsbereichen ermöglicht.

Düsseldorf, Juli 1963

Verband Deutscher Streichgarnspinner e. V.

2. Einführung und Aufgabenstellung

In den letzten Jahren machte sich besonders bei den Streichgarnspinnereien ein starker Konkurrenzkampf mit ausländischen Firmen bemerkbar. Daher ist dieser Industriezweig bestrebt, in einem größeren Maße als bisher seine Betriebe zu rationalisieren.

Rationalisierungsmaßnahmen sind oft mit einem erheblichen Kapitalaufwand verbunden. Bedingt durch geringe Absatz- und Gewinnmöglichkeiten, sahen sich die Streichgarnspinnereien jedoch nicht in der Lage, größere Investitionen durchzuführen.

Bei betrieblichen Planungen werden aber oft die Reserven vergessen, die noch in den bisherigen Verfahren vorhanden sind. Dies liegt teilweise daran, daß sich die Betriebe nur auf ihre eigenen Erfahrungen stützen und einen Austausch mit anderen Betrieben nicht haben oder aus Gründen der Geheimhaltung nicht suchen. Diese Haltung sollte aufgegeben werden, weil selbst ein Betrieb mit günstigen Zeiten und Kosten von anderen noch lernen kann.

Als Grundlage für einen zwischenbetrieblichen Erfahrungsaustausch bietet sich ein Betriebsvergleich an.

Der Betriebsvergleich der Streichgarnspinnereien hat das Ziel, Verfahrens- und Kostenstrukturen der Betriebe einander gegenüberzustellen und zu zeigen, an welchen Stellen im einzelnen Betrieb Verbesserungen anzustreben sind. Dabei sollen an diesen Stellen in erster Linie durch organisatorische Maßnahmen, die zu einer Verbesserung des Produktionsablaufes führen, Kostenersparnisse erzielt werden, ohne daß hierzu größere Investitionen erforderlich sind.

Der Betriebsvergleich der Streichgarnspinnereien begann 1958. Für die Jahre 1958 und 1959 wurden folgende Aufgaben gestellt:

1. Untersuchung der Betriebe und Ermittlung des derzeitigen Kosten- und Leistungsstandes der beteiligten Streichgarnspinnereien.
2. Durchführung eines Kosten- und Leistungsvergleichs und Angabe des Bestbetriebes.
3. Ermittlung von Stundenkostensätzen für die Fertigungskostenstellen unter Zugrundelegung der betriebseigenen Kosten, um eine Kontrolle der Kalkulationsunterlagen zu ermöglichen.
4. Ermittlung verschiedener Kennzahlen.
5. Die näherungsweise Untersuchung der Abhängigkeit der Kosten von der Drehung und Feinheit des Garnes.
6. Untersuchung des Kostenverlaufes in Abhängigkeit von der Auftragsgröße.
7. Untersuchung des Produktionsprogramms.

An dem Betriebsvergleich beteiligten sich 13 Betriebe aus verschiedenen Bundesländern mit einer Spindelzahl zwischen 2 000 und 10 000. Von den 191 000 im Fachverband erfaßten Spindeln wurden 73 000 in den Vergleich einbezogen, so daß ein repräsentativer Querschnitt gewährleistet war. Die 13 Betriebe sind zur Wahrung ihrer Anonymität mit Buchstaben gekennzeichnet worden. In diesem Bericht werden die Kennbuchstaben durch freigewählte Zahlen ersetzt.

Im Gegensatz zu früheren Betriebsvergleichen in den Streichgarnspinnereien wird hier auf dem Mengenaufwand ein Betriebsvergleich aufgebaut, der den Betrieben Anhaltspunkte für eine gezielte Rationalisierung und Verbesserung des Betriebsablaufes gibt.

Ein besonderes Anliegen der Streichgarnspinner war die Kontrolle ihres bisher meist angewandten Äquivalenzziffer-Kalkulationsverfahrens. Daher wurde die Abhängigkeit der Spinnkosten von der Feinheit des Garnes untersucht. Weiterhin wurde die Abhängigkeit der Kosten von der Auftragsgröße errechnet und das Produktionsprogramm untersucht. Schließlich erhielten die Betriebe noch eine Aufstellung ihrer tatsächlichen Kosten, die eine Kontrolle ihrer Kalkulationsunterlagen ermöglicht und Voraussetzungen für eine Einzelpartieabrechnung schafft.

Für das Jahr 1958 und 1959 wurde zunächst ein System für die Erfassung der betrieblichen Daten und die methodischen Grundlagen für einen Kosten- und Leistungsvergleich erarbeitet. Bei der Methode wurde berücksichtigt, daß die im Betriebsvergleich ermittelten Ergebnisse auch für die Untersuchung der Abhängigkeit der Spinnkosten von der Garnfeinheit verwendet werden können.

In diesem Bericht werden der Kostenvergleich und die näherungsweise Untersuchung der Abhängigkeit der Kosten von der Feinheit des Garnes eingehend behandelt, während die übrigen Ergebnisse des Betriebsvergleiches aus Geheimhaltungsgründen nur angedeutet werden können.

3. Beschreibung der Methode

Die Aufgabe dieses Betriebsvergleiches besteht darin, die Stellen im Betrieb herauszufinden, die vordringlich rationalisiert werden müssen. Dies wurde durch eine vergleichende Gegenüberstellung des Aufwandes der Betriebe in den verschiedenen Produktionsbereichen erreicht.
Hierfür war es erforderlich, den durch die Produktion bedingten gesamten mengen- und kostenmäßigen Aufwand bei allen Betrieben zu ermitteln. Als Grundlage hierfür diente ein Kostenartenplan, in dem die Kosten soweit untergliedert sind, daß der Aufwand bis ins einzelne verfolgt werden kann.
Für die Streichgarnspinnerei wurde daher eine zweckmäßige Kostenartengliederung vorgenommen. Nach diesem Kostenartenplan wurden die Aufwendungen für den gesamten Betriebsbereich erfaßt. Durch einen Betriebsvergleich, bei dem lediglich die Kostenarten zwischenbetrieblich verglichen werden, lassen sich nur Aussagen über die Kostenstruktur des gesamten Betriebes machen. Will man jedoch feststellen, an welchen Stellen des Betriebes Rationalisierungsmaßnahmen anzustreben sind, so ist es erforderlich, die einzelnen Kostenarten den Kostenstellen verursachungsgerecht zuzurechnen. Deshalb wurde ein Kostenstellenplan aufgestellt, der dem Durchlauf der Erzeugnisse durch die Fertigungsstufen entspricht und eine sinnvolle Aufteilung der Hilfsstellen und des Verwaltungs- und Vertriebsbereiches vornimmt. Diese Überlegungen führten zu einem kombinierten Kostenarten- und Kostenstellenvergleich.
Die in der Literatur beschriebenen Betriebsvergleiche basieren meist auf Preisen und Kosten.
Nun haftet aber diesen Vergleichen neben den stets auftretenden Abgrenzungs- und Bewertungsschwierigkeiten der Mangel an, daß in ihnen Betriebseigenheiten zum Ausdruck kommen, die für den Einzelbetrieb unabänderlich sind. Beispielsweise sind je nach Standort des Betriebes die Höhe der Löhne, die Steuern, die Grundstückswerte, die Frachten und anderes verschieden. Auch aus weiteren Gründen ist ein direkter Vergleich der betriebseigenen Kosten nicht möglich. So schwanken z. B. die Einkaufspreise für Betriebs- und Hilfsstoffe oft beträchtlich. Außerdem werden für gleiche Maschinen von den verschiedenen Betrieben häufig unterschiedliche Abschreibungssätze angesetzt. Die Betriebe gehen dabei vielfach von verschiedenen Anschaffungs- oder Wiederbeschaffungswerten aus. Ferner wird mit unterschiedlichen Zinssätzen gerechnet. Auch die Raumkosten sind je nach Alter und Bauweise des Betriebes verschieden. Für eine vergleichbare Kostenrechnung sind solche Unterlagen nur mit Einschränkung zu benutzen, da sie beim Vergleich Kostenunterschiede zeigen, die nicht direkt durch die Produktion verursacht werden. Ein Vergleich der Kosten, wie sie in den einzelnen Betrieben entstehen, ist daher selbst bei noch so genauer Erfassung

und vorbildlichem Kostenrechnungswesen nur möglich, wenn man so bewertet, als ob die Kosten aller Betriebe in ein und demselben Betrieb entstehen würden. Dabei ist stets von kalkulatorischen Überlegungen auszugehen, welche den tatsächlichen Verhältnissen weitgehend entsprechen. Ein derartiger Betriebsvergleich führt zu einer standardisierten Kostenrechnung.

Die Forderung nach einheitlicher Bewertung wird bei den Hilfs- und Betriebsstoffen durch Kostenstandards erfüllt. Ein Kostenstandard für eine Kostenart ist der Durchschnittspreis je Mengeneinheit über alle Betriebe.

Das Rechnen mit dem Kostenstandard ist also nur möglich, wenn auch die Mengenverbräuche der Betriebe erfaßt sind. An Stelle der betrieblichen Kosten werden die im Vergleich über die Standards errechneten Kosten eingesetzt (Menge × Standard = Kosten). Dadurch wird die Verschiedenheit der Marktpreise ausgeschaltet. Die betrieblichen Kostenunterschiede hängen dann bei den Hilfs- und Betriebsstoffen nur noch von der aufgewandten Menge ab.

Auch die Löhne und Gehälter werden einheitlich ausgerichtet. Die sozialen Aufwendungen werden nach einem für alle Betriebe gleichen Prozentsatz errechnet.

Weiterhin werden die kalkulatorischen Kosten nach einheitlichen Maßstäben ermittelt. Für gleiche Maschinen wird von gleichen Wiederbeschaffungswerten ausgegangen. Die Abschreibung erfolgt linear und mit gleichem Prozentsatz. Die fixen Kosten, wie beispielsweise die kalkulatorischen Kosten, werden mit dem Beschäftigungsgrad korrigiert.

Alle diese Maßnahmen machen den hier durchgeführten Kostenarten- und Kostenstellenvergleich zu einem *zwischenbetrieblichen Vergleich*, bei dem Kostenunterschiede, die nicht direkt durch die Produktion verursacht sind, weitgehend ausgeschaltet werden.

Von den Betrieben wurden die Kosten in absoluten Zahlen angegeben. Da die Betriebe jedoch die Bekanntgabe der absoluten Zahlen nicht erlaubten, sind die Kosten auf 1000 kg Erzeugnismenge der jeweiligen Kostenstelle bezogen worden. Dadurch konnten auch die Kosten der Firmen unterschiedlicher Betriebsgröße miteinander verglichen werden.

Indem die Kosten auf die erzeugte Menge der Kostenstelle bezogen wurden, erhielten diese Werte den Charakter einer Leistungskennzahl. Durch die einheitliche Bewertung der Mengenverbräuche mit Kostenstandards ist eine leistungsmäßige Beurteilung auch zwischen den Betrieben möglich. Der hier durchgeführte Betriebsvergleich ist also gleichzeitig ein Kosten- und Leistungsvergleich.

Für jede Fertigungskostenstelle wurde der Betrieb mit den geringsten Gesamtkosten ermittelt und als Bestbetrieb bezeichnet.

4. Durchführung des Betriebsvergleiches

Neben reinen Spinnereibetrieben handelte es sich bei einigen Vergleichsteilnehmern um mehrstufige Betriebe, d. h. bei ihnen waren neben der Streichgarnspinnerei auch andere Fertigungszweige, wie beispielsweise Wirkerei und Strickerei, Kammgarnspinnerei, Weberei und Ausrüstung vorhanden. Bei diesen Betrieben wurde besondere Sorgfalt auf eine genaue Abgrenzung der Kosten des Spinnereibereiches von denen der anderen Fertigungszweige gelegt.
Die Daten der Betriebe wurden für das Jahr 1958 monatsweise erfaßt und ausgewertet. Außerdem wurde noch eine Jahresauswertung durchgeführt. Im Jahre 1959 wurde wegen umfangreicher anderer Aufgaben auf die Monatsauswertung verzichtet und beim Kostenvergleich nur eine Jahresauswertung vorgenommen.

4.1 Erfassung der Daten

Zunächst wurde mit den Sachbearbeitern in den Betrieben besprochen, wie aus den vorhandenen betrieblichen Unterlagen die für den Betriebsvergleich notwendigen Werte entnommen werden können. Danach wurden Erfassungsformulare entwickelt und den Betrieben mit ausführlichen Erläuterungen zugestellt. Ein für die 13 beteiligten Betriebe gleicher Kostenarten- und Kostenstellenplan sollte eine einheitliche Erfassung der Daten gewährleisten.
Für die Finanz- und Betriebsbuchhaltung wurde ein Formular in Form einer Buchungsanweisung entwickelt. Es enthält neben der Angabe des Datums, der Kostenart und der Kostenstelle den Preis und die verbrauchte Menge nach Größe und Dimension. Auf den Buchungsanweisungen wurden u. a. der Verbrauch an Hilfs- und Betriebsstoffen, Energie sowie die kurzlebigen Wirtschaftsgüter, Fremdreparaturen, Steuern, Versicherungen, verschiedene Aufwendungen und Sondereinzelposten des Vertriebes nach dem Preis und, soweit erforderlich, auch nach der Menge erfaßt.
Außerdem wurden den Betrieben Auftragsscheine zugeschickt, in denen die geleisteten Arbeitszeiten der Fertigungshilfsstellen (Schlosserei, Elektrowerkstatt, Schreinerei, Bauabteilung) für die übrigen Kostenstellen einzutragen waren. Die Angaben über Löhne und Gehälter wurden den Aufschreibungen der Lohnbuchhaltung entnommen.
Auf den Lohnformularen wurden die Fertigungs- und Hilfslöhne nach Kostenstellen getrennt erfaßt. Für die einzelnen Lohngruppen wurden neben der Entlohnungsart (Stunden-, Akkord- oder Prämienlohn) und der Zahl der Arbeiter die tatsächlich gezahlten betrieblichen Löhne und Stundenaufschreibungen auf-

geführt. Dabei wurde unterteilt in die Lohnsumme ohne Überstundenzuschläge und die Summe der Überstundenzuschläge, in Arbeits- und Überstunden, Krankheitsstunden (= Stunden für Arztbesuch, die vom Betrieb voll zu bezahlen sind), Urlaubs- und Feiertagsstunden.

Auf dem Lohngruppenformular wurde für jede im Betrieb vorkommende Gruppe nach Tarifgrundlohn und dem betrieblichen Stunden-, Akkord- und Prämienlohn gefragt.

In dem Formular für die Erfassung der Gehälter wurden Angaben über die Funktion und die Gehaltssumme der Angestellten in den verschiedenen Kostenstellen aufgenommen. Wenn ein Gehaltsempfänger für mehrere Kostenstellen tätig war, so mußte bei den einzelnen Kostenstellen der seiner Tätigkeit entsprechende Anteil des Gehaltes eingetragen werden.

Auf einem weiteren Formular wurden die Sozialkosten für Lohn- und Gehaltsempfänger auf die Kostenstellen aufgeteilt.

Das Anlagevermögen wurde in einem Maschinenplan und einem Gebäudeformular erfaßt.

Der Maschinenplan enthält für jede Maschine eine kurze technische Beschreibung und Angaben über das Baujahr, den Platzbedarf, die installierte Leistung, den Wiederbeschaffungswert und die jährlichen Nutzstunden. Der Platzbedarf einer Maschine schließt die Fläche für das Fundament und jenen Flächenanteil ein, der infolge winkliger Ecken des Fundamentes und überstehender Teile des Oberbaus ohnehin verloren ist. Als Wiederbeschaffungswert war der Wert einzutragen, den eine dem gegenwärtigen Stand der Entwicklung entsprechende Maschine gleicher Leistung besitzt. Unter jährlichen Nutzungsstunden der Maschinen versteht man die Maschinenlaufstunden einschließlich Rüstzeit und Putzen für das ganze Jahr, aber keine Stillstandszeiten, die nicht im direkten Zusammenhang mit der Auftragsabwicklung stehen, wie beispielsweise die Reparaturstunden.

Auf dem Gebäudeformular sind alle für die Ermittlung der Raumkosten erforderlichen Daten aufzuführen. Für jede Kostenstelle mußten Fläche und Rauminhalt eingetragen werden. Außerdem wurde der zugehörige Anteil vom Gebäudewert, vom Grundstückswert, von Grund- und Gebäudesteuern sowie Feuer- und Haftpflichtversicherung erfaßt.

Zur Durchführung des Leistungsvergleiches wurde ein Formular erstellt, in dem die Produktionsmengen und Produktionszeiten der Fertigungskostenstellen erfragt wurden. Für jede Fertigungskostenstelle wurde die ausgebrachte Menge, die Summe der tatsächlichen Maschinenstunden, die Summe der Normalstunden und die Summe der Stunden für Putzen und Reparaturen aufgeführt. Dabei ist unter den tatsächlichen Maschinenstunden die Summe der je Kostenstelle für die Fertigung tatsächlich verbrauchten Stunden aller Maschinen einschließlich Rüstzeit zu verstehen. Normalstunden sind die Stunden der normalen Arbeitszeit bei Einschichtbetrieb, also beispielsweise 180 Stunden im Monat für eine Maschine. Die Summe der Stunden aller in der Kostenstelle befindlichen Maschinen ergibt die Normalstunden. Wegen der unterschiedlichen Spindelzahl der Selfaktoren und Ringspinner wurden die tatsächlichen Maschinenstunden der Spinnerei auch in 1000 Spindelstunden ausgedrückt.

Ein weiteres Formular lieferte eine Produktionsstatistik. Darin wurden von den Firmen die gesponnenen Partien mit metrischer Nummer, gesponnener Menge und den benötigten tatsächlichen Maschinenstunden bzw. 1000 Spindelstunden in Krempelei und Spinnerei angegeben.

4.2 Gang der Rechnung

Die erfaßten Daten wurden 1958 monatlich ausgewertet, so daß für jeden Betrieb und Monat ein Überblick über die Kosten der Fertigungskostenstellen vorlag. Neben der monatlichen Auswertung wurde auch eine Jahresauswertung aufgestellt, bei der die Kosten der 12 Monate zusammengefaßt und auf die Produktionsmenge des Jahres bezogen wurden. Bei der Berechnung der bezogenen Kosten wurden zunächst die absoluten Kosten ermittelt, d. h. auch die Kostensumme der Kostenartengruppen. Erst dann wurden diese Kosten durch die Produktionsmenge der jeweiligen Fertigungskostenstelle dividiert.

4.21 Betriebs- und Hilfsstoffe

Die für den Kosten- und Leistungsvergleich durchgeführte standardisierte Kostenrechnung, verlangte, daß die verbrauchten Mengen an Hilfs- und Betriebsstoffen bei allen Betrieben mit gleichen Kostenstandards bewertet wurden. Diese Kostenstandards wurden aus den Preisangaben der Betriebe gebildet. Bei den Schmälzmitteln errechnet sich der Standard z. B. für das Jahr 1958 zu 1,66 DM/kg, im Jahre 1959 zu 1,64 DM/kg. Die standardisierten Kosten an Hilfs- und Betriebsstoffen pro 1000 kg Produktionsmenge in den verschiedenen Kostenstellen können zwischenbetrieblich verglichen werden.

In der folgenden Tabelle sind die Kostenstandards für 1959 einzeln aufgeführt:

Kostenart	Bezeichnung	Preisstandard
4100	Schmälzmittel und Avivagen	1,64 DM/kg
4110	Waschmittel	2,78 DM/kg
4111	Netzmittel	2,51 DM/kg
4112	Weichmachungsmittel	2,27 DM/kg
4130	Chemikalien	0,82 DM/kg
4140	Hülsen	1,50 DM/kg
4200	Heizmaterial	0,09 DM/kg
4210	Treibstoffe: Dieselöl	0,51 DM/kg
	Benzin	0,60 DM/l
42410	Kratzengarnituren	7,59 DM/m
42411	Sägezahndraht	6,23 DM/kg
42420	Nitschelhosen	121,91 DM/m^2 und 229,67 DM/Stck.
42421	Florteilerriemchen	4,85 DM/Stck.
4243	Ringläufer	0,02 DM/Stck.
42440	Spindelschnüre	8,31 DM/kg
42441	Spindelbänder	0,62 DM/m
42442	Seile	9,43 DM/kg

Einige Kostenarten, z. B. Verpackungsmittel, Büromaterial, Ersatzteile, beinhalten eine derartige Fülle von verschiedenen Artikeln, daß sich eine Standardisierung nicht durchführen läßt. Da diese Kosten aber nur einen geringen Anteil der Gesamtkosten ausmachen, ist die Ungenauigkeit durch den Einsatz betriebseigener Werte so klein, daß sie vernachlässigt werden kann.
Der Verbrauch verschiedener Betriebs- und Hilfsstoffe, der nicht mit der monatlichen Produktionsmenge in ursächlichem Zusammenhang steht und von den Betrieben meist für das ganze Jahr angegeben worden ist, wurde gleichmäßig auf alle Monate verteilt. Dazu gehören beispielsweise die Kosten für Reparaturen und die Kosten für die Kratzengarnituren und das Lederzeug der Krempeln.

4.22 Lohnkosten, Gehaltskosten und soziale Aufwendungen

Zu den Lohnkosten gehören neben den Fertigungslöhnen die Hilfslöhne, die Urlaubs- und Feiertagslöhne und die Überstundenzuschläge.
An dem Vergleich beteiligten sich Firmen aus sechs Tarifgebieten, deren Lohngruppen stark voneinander abweichen. Die Lohngruppen unterschieden sich sowohl in der Zahl, als auch in der Stufung, und zwar nicht nur zwischen den einzelnen Ländern, sondern auch zwischen den Betrieben innerhalb eines Landes. Um die verfahrensbedingten Unterschiede beim Aufwand an Lohn vergleichen zu können, war es erforderlich, die standortbedingten Einflüsse auf die Lohnhöhe auszuschalten.
Zunächst wurden die betriebseigenen auf die tariflichen Lohngruppen des jeweiligen Landes umgeschlüsselt, die dann wiederum denen der anderen Tarifgebiete gegenübergestellt wurden. Dabei zeigte es sich, daß die sogenannte Ecklohngruppe (100%) in allen Ländern gleiche Merkmale beinhaltet. Als Ausgangsbasis wurden sieben Lohngruppen zugrunde gelegt und die Lohngruppen der Länder in dieses Schema eingeordnet. Der Mittelwert der betrieblichen Löhne für die Ecklohngruppe (100%) ergab für 1958 einen Stundenlohn von 1,74 DM/h. Berücksichtigt man, daß in verschiedenen Betrieben Leistungslöhne gezahlt werden, muß zusätzlich eine Leistungslohnstaffel aufgestellt werden, deren Mittelwert für die Ecklohngruppe 1,90 DM/h beträgt.

Die Lohnkosten sind für 1958 mit folgenden standardisierten Lohnsätzen errechnet worden:

Lohngruppe	Stundenlohn DM/h	Leistungslohn DM/h
1	1,32	1,44
2	1,53	1,67
3	1,62	1,77
4	1,74	1,90
5	1,83	2,00
6	1,93	2,11
7	2,19	2,39

Die Kosten für Fertigungs- und Hilfslöhne wurden mit diesen Standards ermittelt.

Mit Hilfe des Lohnstandards ergeben sich die Fertigungs- und die Hilfslöhne zu Fertigungs- bzw. Hilfslohn (DM) = Arbeitsstunden (einschließlich Überstunden) (h) × Lohnstandard (DM/h).

Die Überstundenzuschläge lassen sich ebenfalls mit Hilfe der Lohnstandards bestimmen. Da die Überstunden mit 25% über den normalen Lohn gezahlt werden, wurden die Überstundenzuschläge errechnet aus: Überstundenzuschläge (DM) = Zahl der Überstunden (h) × Lohnstandard (DM/h) × 0,25.

Für die Kostenart Urlaubs- und Feiertagslöhne ergab sich 1958 bei jährlich 16 Urlaubstagen, 12 Feiertagen und 2233 Normalarbeitsstunden ein Prozentsatz von 10,7% der Arbeitsstunden. Somit errechnen sich die Urlaubs- und Feiertagslöhne aus: Urlaubs- und Feiertagslöhne (DM) = Zahl der Arbeitsstunden (ohne Überstunden) (h) × Lohnstandard (DM/h) × 0,107.

Da die von den Betrieben angegebenen Gehälter für die einzelnen Gehaltsempfänger bei gleicher Tätigkeit unterschiedlich hoch sind, mußte auch hier eine einheitliche Ausrichtung vorgenommen werden.

Für jede Funktion wurde aus den Angaben der Betriebe ein Durchschnittsgehalt berechnet und als Standard eingesetzt. In den Fällen, wo ein Angestellter für mehrere Kostenstellen tätig war, wurde das Gehalt entsprechend der Arbeitsleistung für diese Kostenstelle geschlüsselt.

Die sozialen Aufwendungen setzen sich aus einem gesetzlichen und einem freiwilligen Anteil zusammen. Sie wurden prozentual den Lohn- bzw. Gehaltskosten zugerechnet.

Für den Lohnempfänger lag für 1958 bei den am Vergleich teilnehmenden Betrieben das Verhältnis der Summe der gesetzlichen sozialen Aufwendungen zur Summe der gesamten Lohnkosten (Löhne + Überstundenzuschläge + Urlaubs- und Feiertagslöhne) im Mittel bei 15,7% der betrieblichen Lohnsumme, so daß sich die gesetzlichen sozialen Aufwendungen der Lohnempfänger wie folgt errechnen: gesetzliche soziale Aufwendungen für Lohnempfänger = gesamte Lohnsumme × 0,157.

Entsprechend wurden die freiwilligen sozialen Aufwendungen für Lohnempfänger bestimmt. Hier ergab sich im Mittel ein Prozentsatz von 5,1% der betrieblichen Lohnsumme, so daß die Berechnungsformel lautet: freiwillige soziale Aufwendungen für Lohnempfänger = gesamte Lohnsumme × 0,051.

Bei den sozialen Aufwendungen für Gehaltsempfänger wurde in ähnlicher Weise vorgegangen. Dabei mußte berücksichtigt werden, daß für bestimmte Gehaltsstufen verschiedene gesetzliche soziale Aufwendungen (z. B. der Arbeitgeberanteil der Angestelltenversicherung) nicht gezahlt werden. Für die Gehälter unter 1250 DM errechnete sich ein Prozentsatz von 9%. Die gesetzlichen sozialen Aufwendungen betragen hierfür also: gesetzliche soziale Aufwendungen für Gehaltsempfänger = Gehaltssumme (der Gehälter unter 1250 DM) × 0,09.

Dagegen wurden die freiwilligen sozialen Aufwendungen auf die gesamte Gehaltssumme bezogen, wobei sich aus den betrieblichen Angaben ein Standard von 4,0% der Gehaltssumme ergab. Die freiwilligen sozialen Aufwendungen für Gehälter errechnen sich demnach aus: freiwillige soziale Aufwendungen für Gehaltsempfänger = Gehaltssumme × 0,04.

4.23 Kalkulatorische Kosten

Zu den kalkulatorischen Kosten gehören die kalkulatorischen Abschreibungen und die kalkulatorischen Zinsen.
Bei den kalkulatorischen Abschreibungen wurde vom Wiederbeschaffungswert ausgegangen. Legt man nämlich den Sinn der Abschreibungen so aus, daß nicht nur der Werteverzehr des Betriebsmittels mit ihr abgegolten wird, sondern darüber hinaus auch so viel Kapital gebildet werden soll, daß die Anschaffung eines neuen, dem gegenwärtigen Entwicklungsstand entsprechenden Betriebsmittels gleicher Leistung möglich ist, dann genügt dies allein schon als Rechtfertigung für die Abschreibung vom Wiederbeschaffungswert.
Dem Einwand, daß dann alte Anlagen zu hoch bewertet würden, läßt sich folgendes entgegenhalten:

1. Die bei alten Maschinen anfallenden größeren Reparaturkosten sind in den meisten Betrieben nicht je Maschine, sondern nur als Kostenart bekannt. Es ist also schwer anzugeben, um wieviel die Reparaturkosten bei zunehmendem Lebensalter ansteigen. Sicher ist aber, daß diese Kosten die durch eine teilweise oder ganz weggefallene Abschreibung erzielte Einsparung zum Teil wieder ausgleichen.

2. Falls für eine abgeschriebene alte Maschine eine neue angeschafft wird, die alte aber im Betrieb verbleibt, so liegt eine Betriebserweiterung vor. Dafür sind aber die durch Abschreibung angesammelten Beträge sinngemäß nicht vorgesehen. Die alten Maschinen müßten also weiter abgeschrieben werden, um neue Reserven für ihren eigenen »Ersatz« zu schaffen.

3. Am Ende der kalkulierten Lebensdauer, d. h. der Abschreibungszeit, wird meist eine Überholung der Maschine erforderlich, um die ursprüngliche Genauigkeit wiederherzustellen. Die Kosten einer solchen Überholung betragen im allgemeinen 30–50% des Tagesbeschaffungswertes und müssen aktiviert werden. Trotzdem werden noch höhere Kosten für die Instandhaltung als bei einer neuen Maschine entstehen.

Zur Klärung der Frage der Abschreibungen über Null hinaus, um die es sich ja hier handelt, empfiehlt beispielsweise die Betriebswirtschaftsstelle des VDMA[1]:

»Verbrauchsbedingte Abschreibungen werden während der gesamten Nutzungsdauer einer Anlage unabhängig von der Höhe des verbrauchsbedingten Restwertes verrechnet.«

[1] VDMA: Betriebswirtschaftsblatt, Entwurf »Verbrauchsbedingte Abschreibungen«, (Oktober 1954), insbesondere S. 14.

Verbrauchsbedingte Abschreibungen sind solche, die im Unterschied zu den handelsrechtlichen oder steuerlichen Vorschriften in Anlehnung an die tatsächliche Brauchbarkeitsminderung vorgenommen werden. Nur sie sind bei dem vorliegenden Vergleich zu berücksichtigen.

Es wird weiterhin empfohlen:

»Die linearen Abschreibungen für die Restnutzungsdauer, die sich nach der erneuten Schätzung ergibt, werden ermittelt, indem der Gegenwartspreis einer gleichartigen neuen Anlage durch die neue Gesamtnutzungsdauer geteilt wird. Für den Rest der Nutzungen werden dann diese Abschreibungen stetig verrechnet, auch wenn der Restwert bereits auf Null gesunken ist.«

Da von den Betrieben für gleiche Maschinen sehr unterschiedliche Wiederbeschaffungswerte angegeben wurden, mußten diese Werte einheitlich und gleichmäßig ausgerichtet werden.

Es war erforderlich, für die verschiedenen Maschinengruppen eine unterschiedliche Lebensdauer festzusetzen; denn z. B. hat ein Holzfärbebottich nicht dieselbe Lebensdauer wie ein Krempelsatz.

Die auf Grund der betrieblichen Angaben ermittelte tatsächliche Lebensdauer je Maschinenart konnte nicht für die Rechnung herangezogen werden, da sich herausstellte, daß sie die obere Grenze darstellt, weil der Maschinenpark in den Streichgarnspinnereien teilweise veraltet ist. Die untere Grenze der kalkulatorischen Lebensdauer ist gegeben durch die Afa-Richtlinien der Finanzbehörden.

Daher wurde unter Zugrundelegung des Durchschnittsalters der Maschinen in den Betrieben, der Afa-Richtlinien der Finanzbehörden und der VDMA-Richtlinien über verbrauchsbedingte Abschreibungen die Lebensdauer der Maschinen festgesetzt.

Die kalkulatorischen Abschreibungen einer Maschine wurden als nutzungszeitabhängig angesehen und errechnen sich aus dem Wiederbeschaffungswert der Maschine, multipliziert mit der Zahl der Maschinenlaufstunden und dividiert durch die Lebensdauer in Stunden.

Für die kalkulatorischen Zinsen ist in einigen Betrieben ein Prozentsatz von jeweils 2% über dem Diskont der Bundesbank üblich. In der vorliegenden Untersuchung wurde mit einem Zinssatz von 6% gerechnet.

Bei Anlagen, die abgenutzt werden, z. B. Maschinen, ist der Verlauf der Kapitalfunktion über der Nutzungszeit der Anlage bei der Berechnung der Zinsen zu berücksichtigen. Wird mit einer linearen Abschreibung gerechnet, dann kann die Hälfte des Anlagekapitals über die gesamte Lebensdauer verzinst angenommen werden.

Die kalkulatorischen Zinsen ergaben sich aus der Multiplikation des halben Wiederbeschaffungswertes mit dem Zinsfuß. Die Jahreskosten wurden gleichmäßig auf die Monate verteilt.

Um bei den fixen Kosten, wie z. B. den Zinsen, den Einfluß der unterschiedlichen Beschäftigungslage zwischenbetrieblich auszuschalten, wurden die auf die Menge bezogenen Kosten mit dem Beschäftigungsgrad multipliziert. Durch diese Um-

rechnung entsprechen die fixen Kosten pro 1000 kg den Kosten bei Normalbeschäftigung und können zwischenbetrieblich verglichen werden.
In der Literatur wird der Beschäftigungsgrad allgemein definiert als das Verhältnis der tatsächlichen zur normalen Beschäftigung. Die tatsächliche Beschäftigung ergibt sich hier aus der Summe der tatsächlichen Maschinenstunden und den Stunden für Putzen und Reparaturen. Als Maß der Normalbeschäftigung dienen die Normalstunden.
Die kalkulatorischen Zinsen sind feste, von der Beschäftigungslage unabhängige Kosten. Die Jahresbeträge dieser Kosten errechnen sich zu:

Zinsen pro 1000 kg Produktionsmenge bei Normalbeschäftigung =

$$= \frac{\text{Wiederbeschaffungswert} \times \text{Zinssatz}}{2 \times \text{Produktionsmenge}} \times \text{Beschäftigungsgrad}$$

4.24 Energiekosten

Die Energiekosten wurden getrennt für Dampf, Wasser und Strom bestimmt. Alle für diese Energiearten anfallenden Kosten wurden zunächst auf den entsprechenden Energiekostenstellen gesammelt.
So sind beispielsweise in den Dampfkosten neben den Kosten für Kohle, Wasser usw. die kalkulatorischen Abschreibungen, kalkulatorischen Zinsen, Raumkosten, Lohnkosten usw. der Kostenstelle Dampferzeugung und -verteilung enthalten. Die auf Heizung, Klimatisierung, Fertigungs- und Eigenstromerzeugung entfallenden Dampfkosten (einschließlich Fremddampf) wurden nach einem von den Firmen angegebenen Schlüssel auf die Verbrauchsstellen verteilt.
Die Kosten der Kostenstelle Stromerzeugung und -verteilung setzen sich aus den Kosten des bezogenen Stromes (= Fremdstrom) und des Eigenstromverbrauches zusammen. Ist der Verbrauch an Lichtstrom bekannt, so kann der Rest als Kraftstrom verrechnet werden. Für die Berechnung der Fremdstromkosten wurde ein einheitlicher Preis von 0,11 DM/kWh angenommen.
Als Schlüssel für die Verteilung des Kraftstromes auf die Fertigungskostenstellen wurde – sofern der Stromverbrauch je Maschine oder Kostenstelle nicht durch einen Stromzähler gemessen wird – das Produkt aus installierter Leistung und den tatsächlichen Maschinenstunden der Fertigungskostenstelle herangezogen.

Die Kosten der eigenen Wasserförderung und -verteilung und die Kosten des Fremdwassers wurden nach einem von den Betrieben angegebenen Schlüssel auf die Verbrauchsstellen umgelegt.

4.25 Raumkosten

Alle Kosten, die Gebäude und Grundstücke betreffen, werden auf der Kostenstelle Gebäude gesammelt. Es handelt sich dabei um folgende Kostenarten:

> Abschreibungen und Zinsen für Gebäude,
> Gebäudeversicherungen,
> Zinsen für Grundstücke,
> Grund- und Gebäudesteuer,
> Kosten der Kostenstelle Pförtner, Nachtwächter, Feuerwehr usw.,
> Heizungskosten und
> Kosten für Beleuchtung.

Sofern durch die Stundenaufschreibungen der Kostenstelle Bauabteilung oder der anderen Reparaturabteilungen bei Gebäudearbeiten nicht eindeutig eine Zuordnung zu bestimmten Kostenstellen gegeben ist, werden auch diese Kosten auf der Kostenstelle Gebäude erfaßt.
Bei der Berechnung verschiedener Gebäudekosten wurden folgende einheitliche Standards verwendet.
Als Richtwert für stabile Fabrikgebäude wurden 35,00 DM/m³ umbauten Raumes zugrunde gelegt und mit diesem Satz der von dem Betrieb angegebene m³-Inhalt der Kostenstellen bewertet. Für den Grundstückspreis ergaben sich im Mittel der teilnehmenden Firmen 8,00 DM/m².
Zur Bestimmung der kalkulatorischen Abschreibungen vom Gebäudeneuwert wurde der vom betriebswirtschaftlichen Ausschuß des Fachverbandes vorgeschlagene Satz von 2% übernommen.
Für die kalkulatorischen Zinsen auf Gebäude und Grundstücke wurde ebenso wie bei den Maschinen mit einem einheitlichen Zinssatz von 6% gerechnet.
Die Umlage der gesamten Gebäudekosten erfolgte nach dem Rauminhalt der übrigen Kostenstellen.
Die Raumkosten je Kostenstelle wurden zunächst für das ganze Jahr errechnet und dann auf die monatlichen Abrechnungszeiträume aufgeteilt. Da die Raumkosten als überwiegend fix angesehen werden können, wurden sie auf die Erzeugungsmenge in den Fertigungskostenstellen bezogen und mit dem Beschäftigungsgrad multipliziert.

4.26 Fertigungshilfsstellen und Sonstige Umlagen

Schlosserei, Elektrowerkstatt, Schreinerei und Bauabteilung wurden unter dem Begriff Fertigungshilfsstellen zusammengefaßt. Die Kosten dieser Kostenstellen wurden wie bei den Fertigungskostenstellen mit Standards für Betriebsstoffe, Löhne, Gehälter usw.) ermittelt. Die sich daraus ergebende Kostensumme jeder Fertigungshilfsstelle wurde auf die übrigen Kostenstellen verteilt. Der Umlageschlüssel einer Fertigungshilfsstelle ergab sich über die Arbeitsstunden, die für

die verschiedenen Kostenstellen aufgewendet und durch innerbetriebliche Auftragsscheine festgehalten worden waren.
Die Kosten der Kostenstellen Fertigung, Betriebsbuchhaltung, Lohnbuchhaltung, innerbetrieblicher Transport und der Läger mit Ausnahme des Rohmaterial- und Fertigwarenlagers wurden nach geeigneten Schlüsseln auf die noch verbleibenden Kostenstellen umgelegt. Die Kosten wurden aufsummiert und je Kostenstelle als »Sonstige Umlagen« ausgewiesen. Auch die »Sonstigen Umlagen« sind im wesentlichen feste Kosten und werden daher mit dem Beschäftigungsgrad korrigiert.

4.27 Materialgemeinkosten

Die Materialkosten setzen sich aus den Rohstoffkosten und den Materialgemeinkosten zusammen. Die Materialgemeinkosten werden normalerweise den Rohstoffkosten prozentual zugeschlagen. Da aber die Rohstoffkosten eines Betriebes je nach verarbeiteter Qualität sehr unterschiedlich sind, wurden sie nicht in den Betriebsvergleich einbezogen und gehen somit als Bezugsbasis verloren.
Die Materialgemeinkosten, die sich aus den Kosten der Kostenstellen Einkauf und Rohmateriallager zusammensetzen, wurden daher auf die ausgebrachte Menge der Spinnerei bezogen.
Die ausgebrachte Menge der Spinnerei unterscheidet sich von der Rohmaterialmenge, die aus dem Lager für die Produktion des Abrechnungszeitraumes entnommen wird, im wesentlichen um den Prozentsatz des Rendements.

4.28 Verwaltungs- und Vertriebskosten

Um auch einen Überblick über die Kosten des Verwaltungs- und Vertriebsbereichs zu erhalten, werden deren Kostenstellen ebenfalls in den Vergleich einbezogen.
Es ist üblich, die Verwaltungs- und Vertriebskosten auf die Herstellkosten zu beziehen. Da jedoch im vorliegenden Vergleich die Herstellkosten nicht ermittelt werden, wurden die Fertigungskosten als Bezugsbasis gewählt.
Die Kosten der Kostenstellen Geschäftsführung, Finanzbuchhaltung und Sonstige Kraftfahrzeuge wurden zusammengefaßt, in Prozent der Fertigungskosten ausgedrückt und als Verwaltungskostenzuschlag ausgewiesen.
Zur Ermittlung des Vertriebskostenzuschlages wurden die Kosten der Kostenstellen Verkauf, Versand, Fertigwarenlager und außerbetrieblicher Transport aufsummiert und ebenfalls zur Summe der Fertigungskosten ins Verhältnis gesetzt.
Die Verwaltungs- und Vertriebskosten wurden ebenso wie die Fertigungskosten mit Kostenstandards errechnet. So wurden z. B. für die Löhne die entsprechenden Lohnstandards und nach der Funktion der Angestellten die zugehörigen Gehaltsstandards eingesetzt. In den Kosten des Verwaltungs- und Vertriebsbereiches sind auch die Umlagen der Raum- und Energiekosten enthalten.

4.29 Ermittlung der durchschnittlichen metrischen Nummer

Die metrische Nummer (= Nm) ist ein Maß für die Feinheit des Garnes und gibt an, wieviel m (km) auf 1 g (kg) Garn entfallen, also die Länge bezogen auf die Gewichtseinheit.

Zur Beurteilung der Spinnereikosten pro 1000 kg Garn ist die metrische Nummer mit zu berücksichtigen, weil die Spinndauer einer gleichen Menge Garn bei höherer Nummer längere Zeit in Anspruch nimmt und damit mehr Spinnkosten verursacht.

5. Beispiele für die graphische Darstellung der Ergebnisse

Um eine schnellere Übersicht über die Ergebnisse des Betriebsvergleiches zu erhalten, wurden die auf eine Produktionsmenge von 1000 kg bezogenen Kostenwerte in Diagrammen und Tabellen dargestellt.

Einige Diagramme werden zur Veranschaulichung in den vorliegenden Bericht aufgenommen. Mit Rücksicht auf die Geheimhaltungswünsche der Vergleichsteilnehmer mußte insbesondere bei den Kostendiagrammen auf einen Ordinatenmaßstab verzichtet werden.

Die Abb. 1 und 2 geben eine Übersicht über die Spinnereikostenstellen Mischerei/ Wolferei, Krempelei, Spinnerei und Packerei in den Jahren 1958 und 1959. Diese Diagramme ermöglichen es den beteiligten Betrieben, die Kostenlage des eigenen Betriebes mit der anderer Betriebe zu vergleichen. Durch die verschiedene Schraffur und die am Rand angegebenen Bezeichnungen sind die Kostenanteile der obengenannten Kostenstellen innerhalb eines Betriebes erkennbar und erlauben auch zwischenbetrieblich einen schnelleren Überblick. Zusätzlich ist über den Säulen der einzelnen Betriebe die durchschnittliche Garnnummer des Jahres vermerkt.

In den Abb. 3 und 4 wurden die nach Gruppen zusammengefaßten Kostenarten der Kostenstelle Spinnerei für die Jahre 1958 und 1959 dargestellt. Die Säule rechts außen zeigt auf den beiden Schaubildern – wie schon in den vorhergehenden Abbildungen – den Bestbetrieb.

Die Abb. 5 und 6 geben die Kostenartengruppen der Kostenstelle Krempelei in den Jahren 1958 und 1959 wieder. Im Jahre 1959 wurde zusätzlich – wie auch in Abb. 4 für die Spinnerei – neben jeder Säule die Summe der fixen Kosten als schmale schwarze Säule aufgetragen.

Die Abb. 1–6 sind Ergebnisse des zwischenbetrieblichen Kosten- und Leistungsvergleiches, der auf den standardisierten Kosten beruht. Im Jahre 1959 wurden zusätzlich die tatsächlich in den Betrieben entstandenen Kosten ermittelt, in denen nur Abschreibungen und Zinsen nach einheitlichen Richtlinien bestimmt, im übrigen aber die reinen betriebseigenen und keine standardisierten Kosten eingesetzt wurden. Die damit errechneten Stundenkostensätze der Fertigungskostenstellen ermöglichen eine Kontrolle der betrieblichen Kalkulationsunterlagen und wurden den einzelnen Betrieben bekanntgegeben. Da die Betriebe eine Veröffentlichung dieser Zahlen nicht gestatten, muß auf die Wiedergabe der Tabellen mit den tatsächlichen Kosten der Betriebe verzichtet werden.

Im folgenden werden jedoch einige Abbildungen über Kennzahlen gezeigt, die aus den tatsächlichen Kosten und den Mengenangaben der Betriebe errechnet wurden.

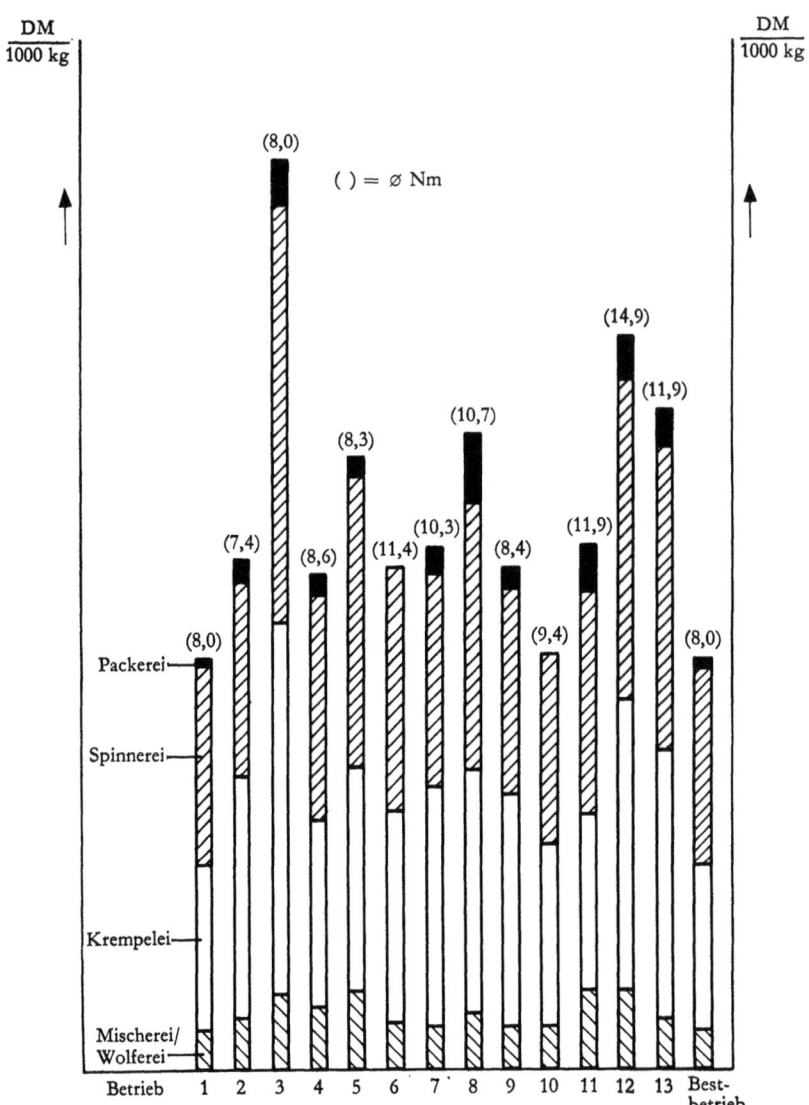

Abb. 1 Zusammenstellung der Spinnereikostenstellen 1958

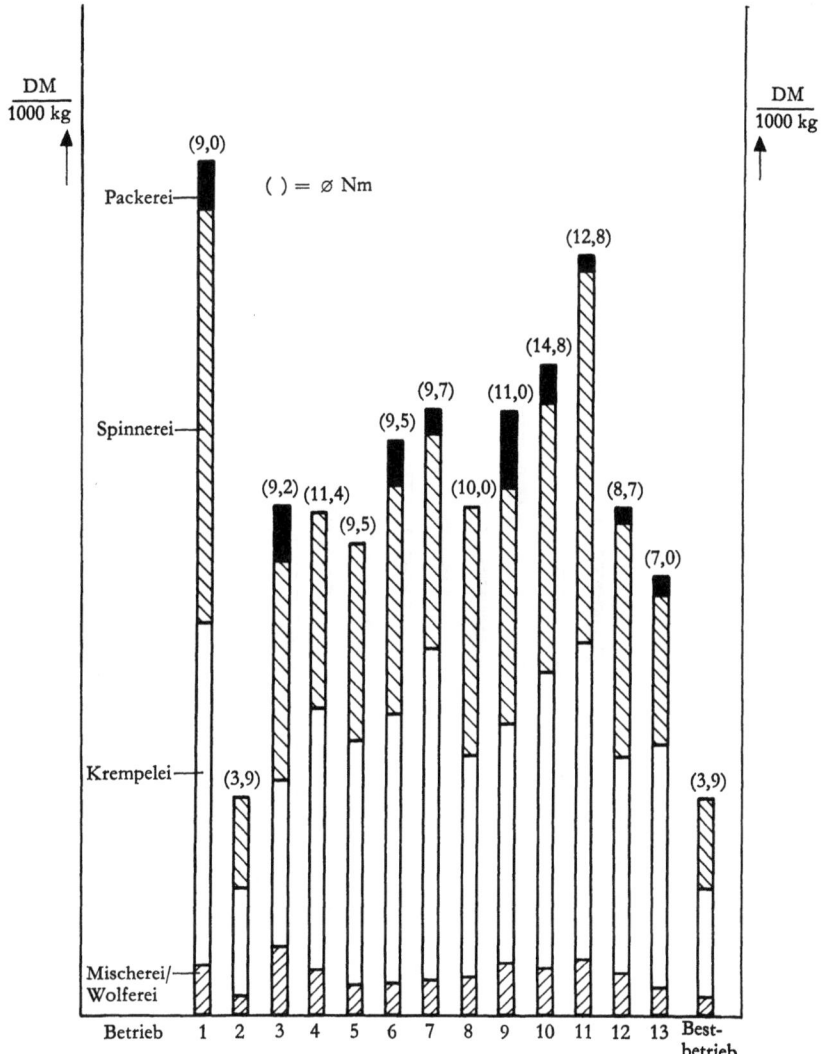

Abb. 2 Zusammenstellung der Spinnereikostenstellen 1959

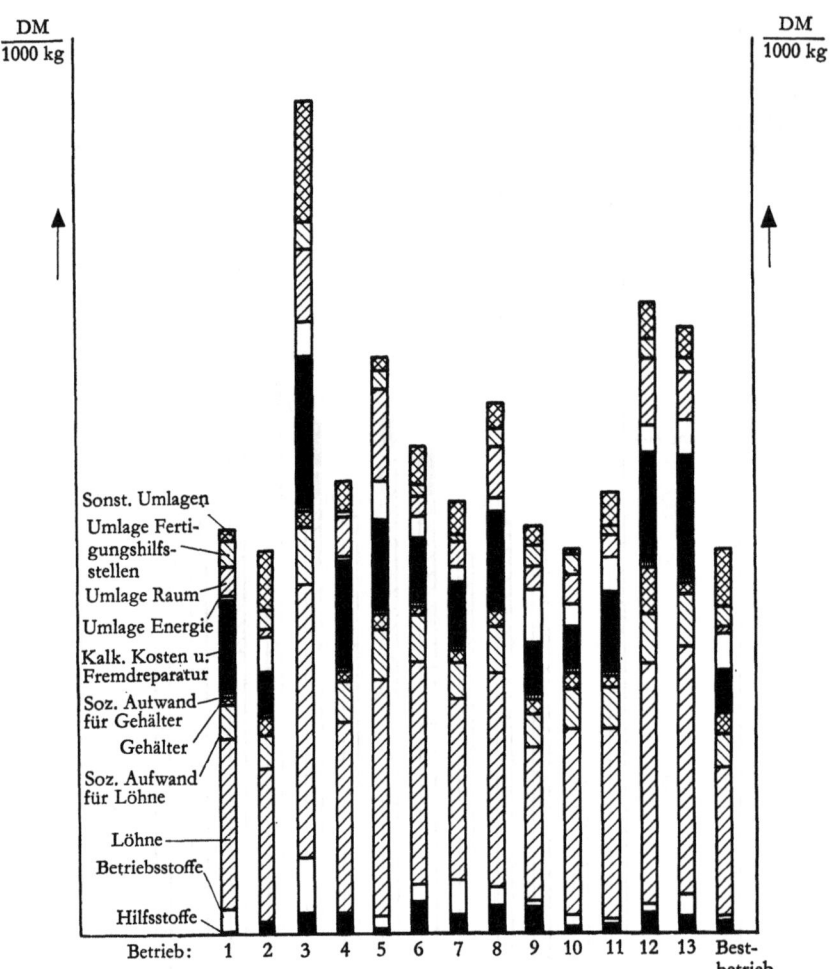

Abb. 3 Kostenstelle Spinnerei 1958

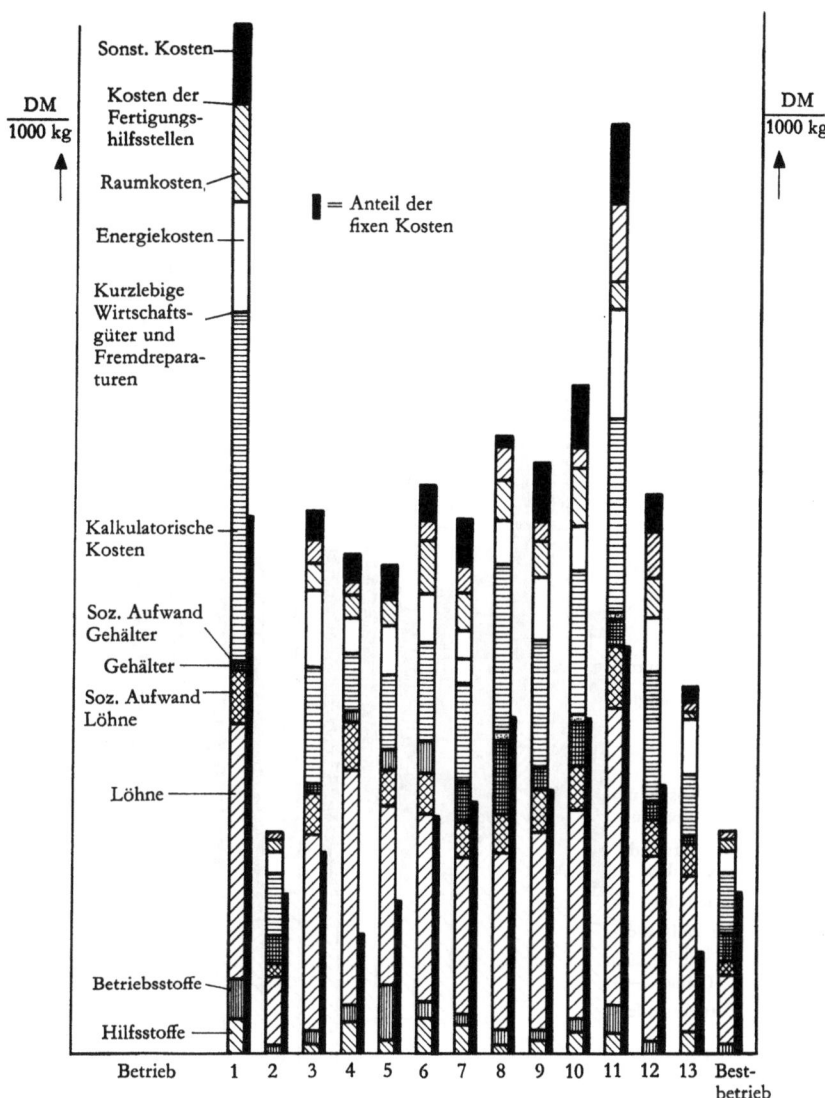

Abb. 4　Kostenstelle Spinnerei 1959

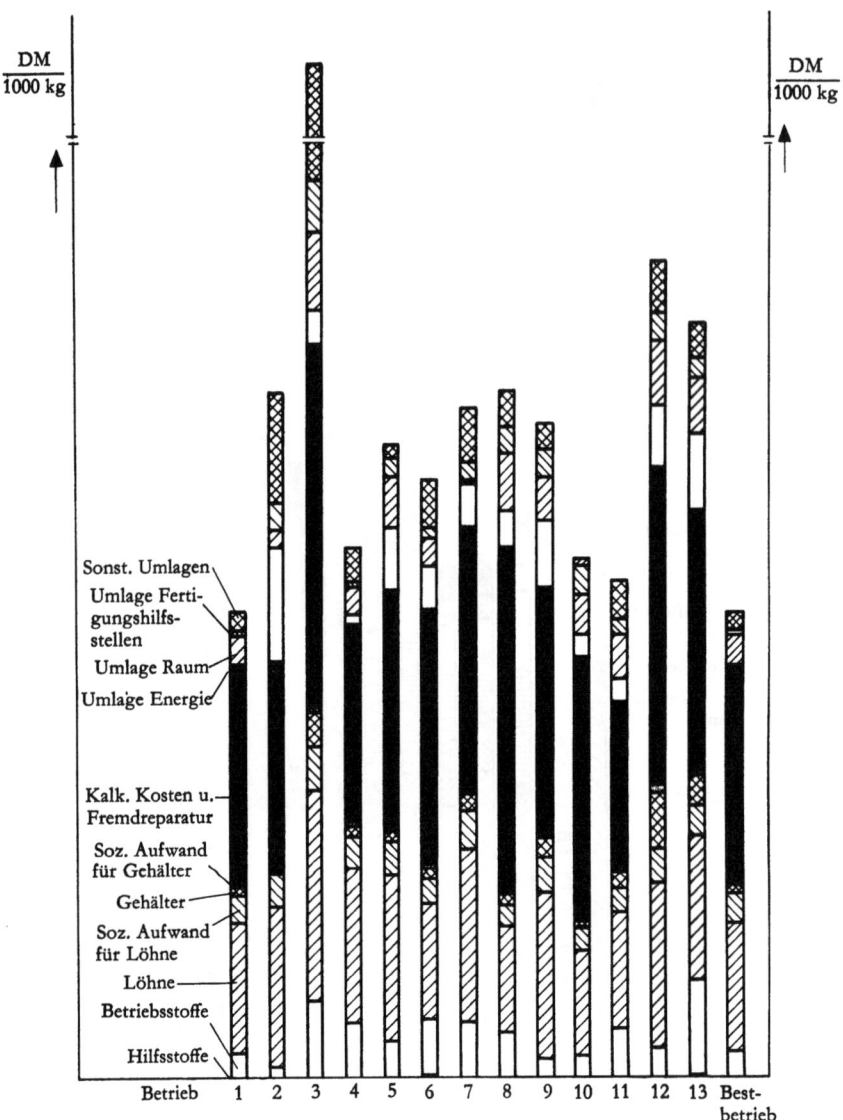

Abb. 5 Kostenstelle Krempelei 1958

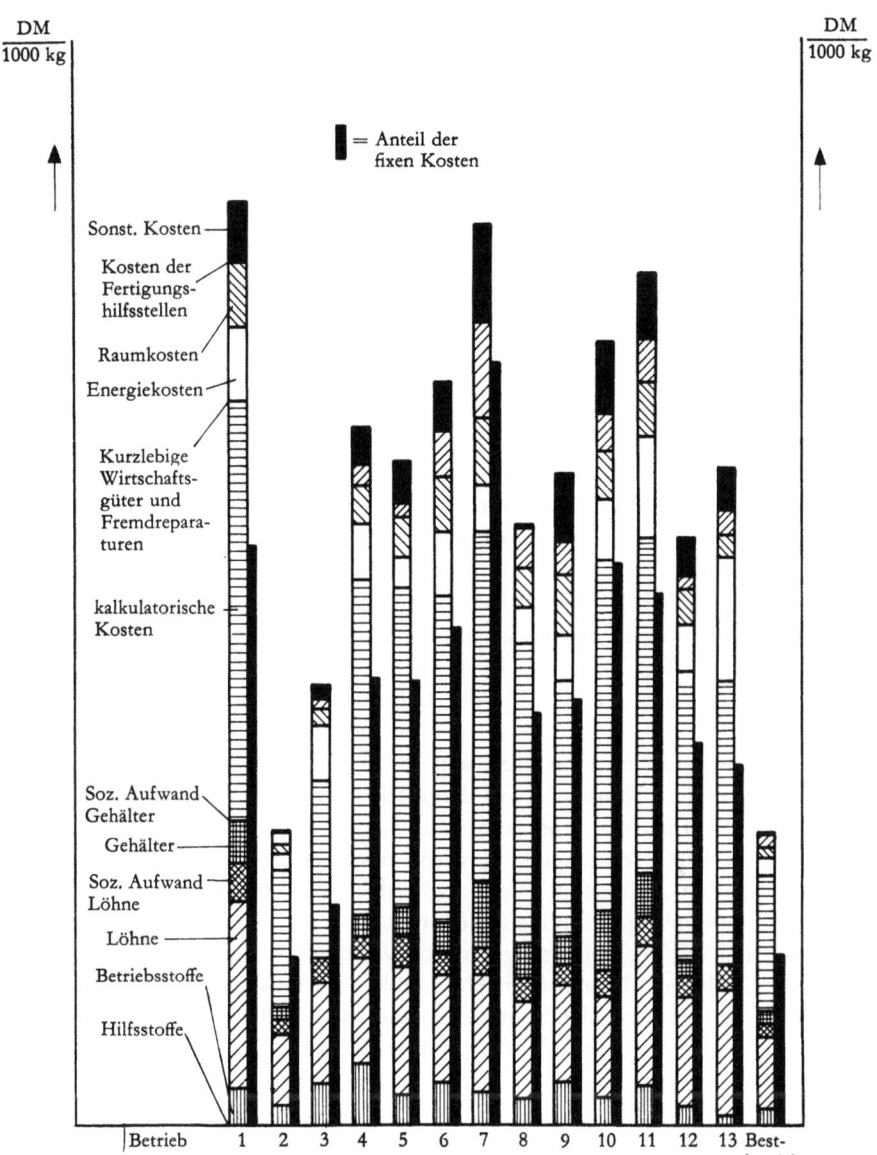

Abb. 6 Kostenstelle Krempelei 1959

Die Abb. 7 zeigt eine Übersicht über das Maschinenalter der Selfaktoren und Ringspinnmaschinen. Die Übersichten lassen erkennen, daß nur ein einziger Betrieb Ringspinnmaschinen laufen hat, die älter als 20 Jahre sind. Dagegen sind in den meisten Firmen die Selfaktoren 35 und mehr Jahre alt. Nur in drei Streichgarnspinnereien sind Selfaktoren aufgestellt, die etwa 10 Jahre alt sind. Außerdem läßt das Schaubild erkennen, daß Ringspinnmaschinen viel weniger verbreitet sind als Selfaktoren, obwohl ihre durchschnittliche Spindelleistung mit rd. 70 g/Stunde/Nm 10 mehr als doppelt so groß ist wie die der Differential-Wagenspinner und annähernd doppelt so groß wie die der Standspinner.

Die Abb. 8 zeigt den Anteil der fixen und variablen Fertigungskosten im Jahre 1959. Der Anteil der fixen Kosten schwankt zwischenbetrieblich nur wenig und liegt im Durchschnitt bei 40%.

Sehr aufschlußreich ist die Abb. 9. Das obere Schaubild zeigt die Gehaltssumme in Prozent der Lohnsumme. Während bei der Hälfte der Betriebe die Gehaltssumme rd. 20% beträgt, steigt sie bei zwei Betrieben bis auf 80%. So sehr auch Hersteller von feinen Strickgarnen und Spezialgarnen auf gutbezahlte Spinnereileiter und Manipulanten angewiesen sind, muß doch in diesen Betrieben genauestens überprüft werden, ob ein so hoher Aufwand für Gehälter notwendig ist. In dem unteren Teil der Abb. 9 handelt es sich um die Darstellung des Sozialaufwandes in Prozent der Lohnsumme. Der Sozialaufwand liegt im Durchschnitt bei 15%. Der Betrieb, bei dem die Gehaltssumme über 80% der Lohnsumme betrug, hatte mit rd. 23% der Lohnsumme auch den höchsten Sozialaufwand.

In der Abb. 10 sind die Spinnereileistung und die Arbeitsleistung in Abhängigkeit von der metrischen Nummer (Nm) dargestellt. Die obere Abbildung zeigt, daß die Spinnereileistung mit feiner werdender Nummer absinkt; denn für das Spinnen einer gleichen Garnmenge in kg wird bei feinerem Garn mehr Zeit benötigt. Aus der unteren Abbildung geht hervor, daß bei feinerer Nummer auch die Arbeiterleistung in kg je Stunde geringer ist.

Die Abhängigkeit der Spinnmarge von der durchschnittlichen Partiegröße wird in den Abb. 11 und 12 veranschaulicht. Die Ergebnisse der Jahre 1958 und 1959 zeigen übereinstimmend, daß Spinnmarge und Partiegröße voneinander abhängig sind. Je kleiner die Partiegröße, desto höher die Spinnmarge.

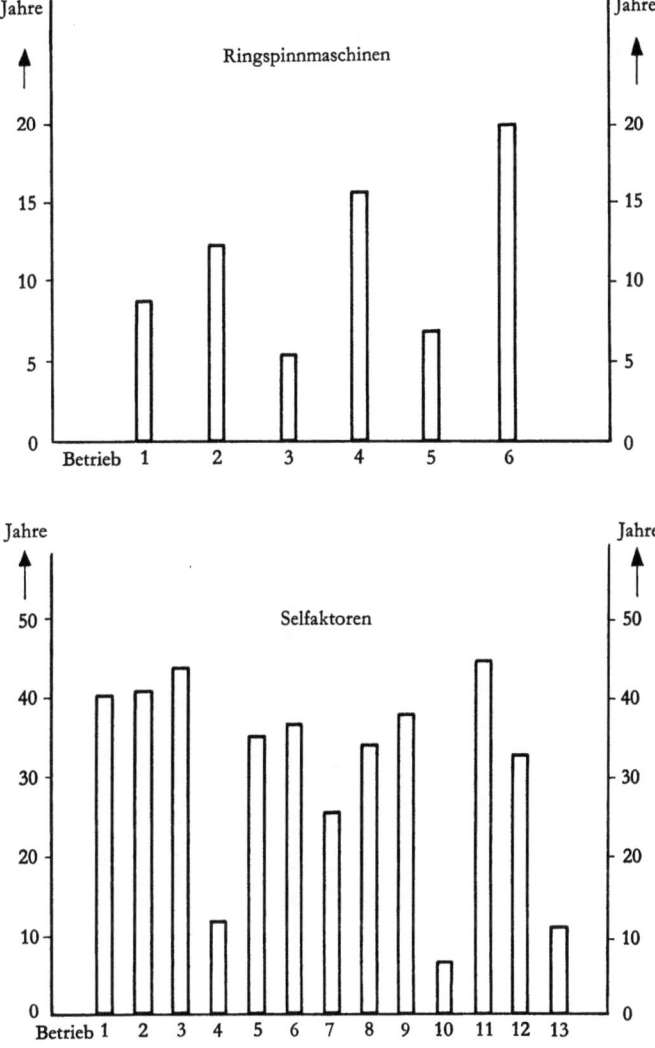

Abb. 7 Durchschnittsmaschinenalter der Ringspinnmaschinen und Selfaktoren im Jahre 1959

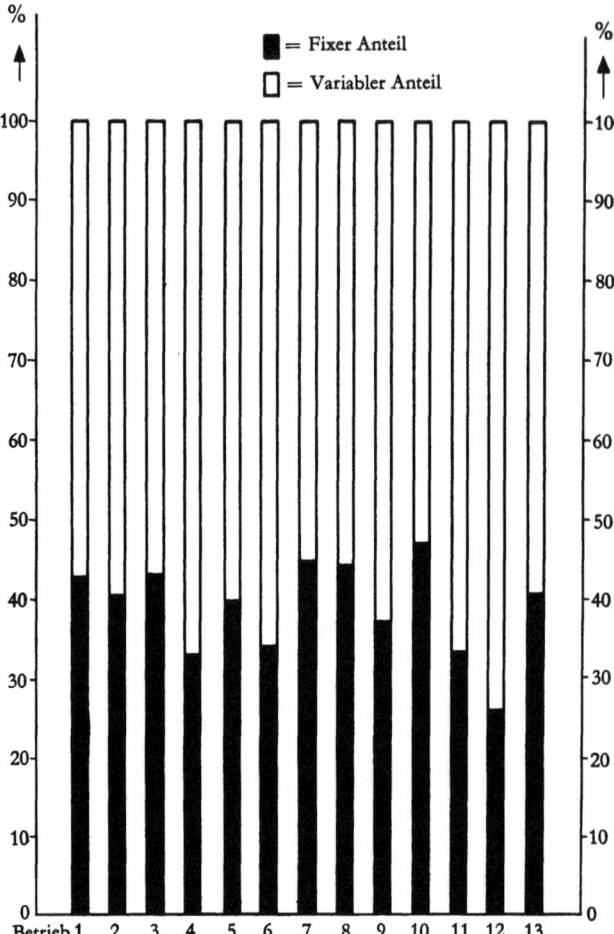

Abb. 8 Fixer und variabler Anteil der Fertigungskosten im Jahre 1959

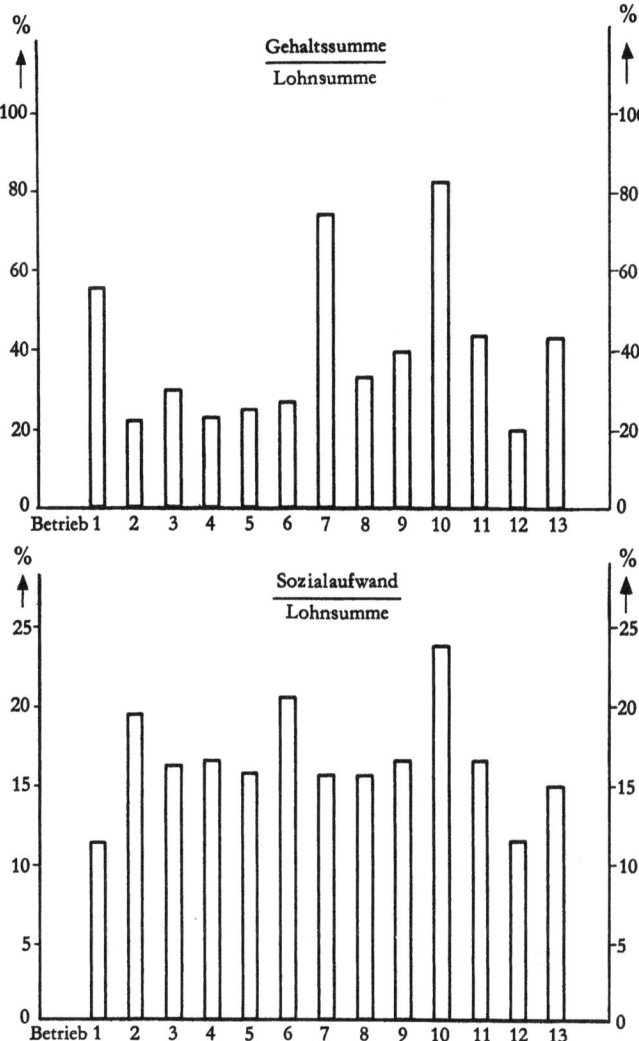

Abb. 9 Gehaltssumme und Sozialaufwand in Prozent der Lohnsumme im Jahre 1959

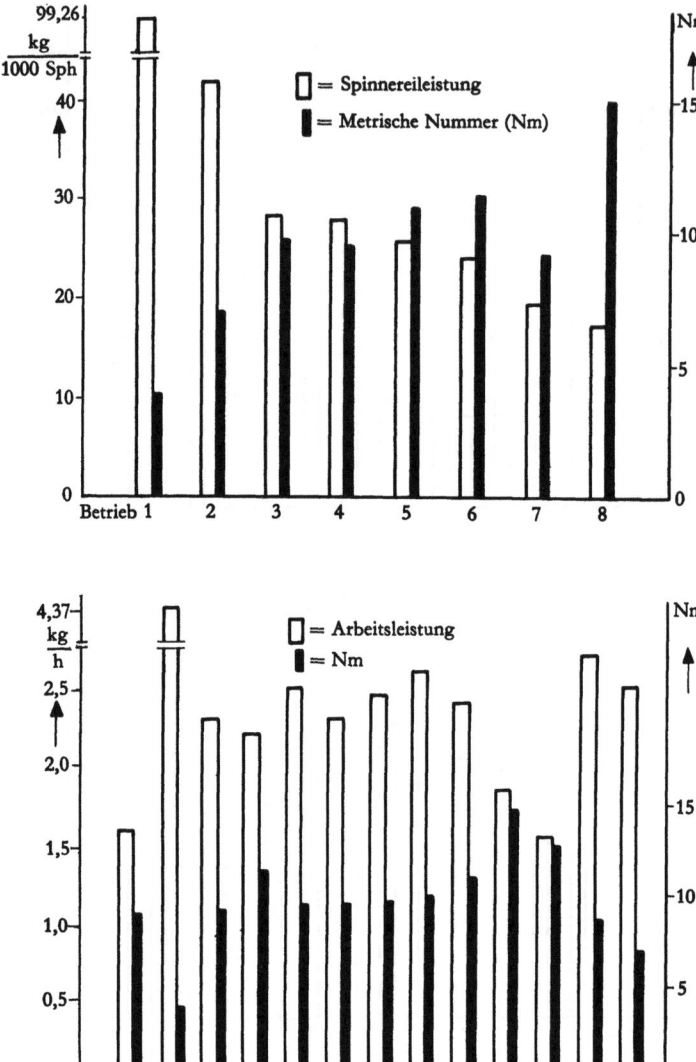

Abb. 10 Spinnereileistung und Arbeitsleistung in Abhängigkeit von der metrischen Nummer (Nm) im Jahre 1959

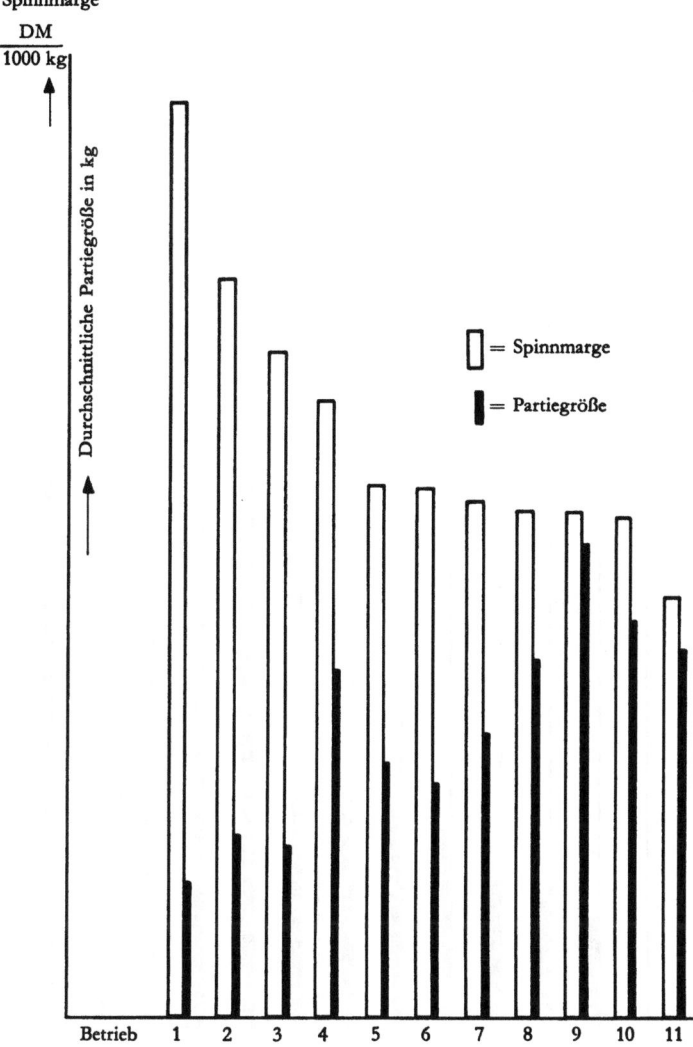

Abb. 11 Abhängigkeit der Spinnmarge von der durchschnittlichen Partiegröße im Jahre 1958

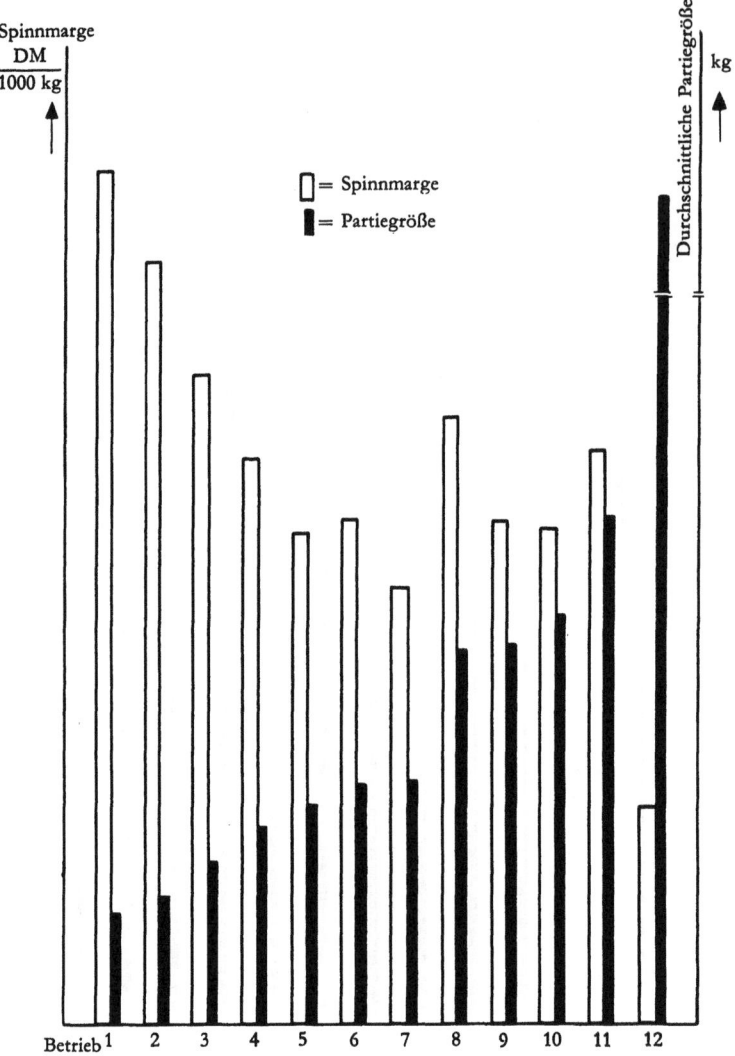

Abb. 12 Abhängigkeit der Spinnmarge von der durchschnittlichen Partiegröße im Jahre 1959

6. Spinnmarge

Im folgenden soll die Spinnmarge näher untersucht werden. Sie setzt sich aus den Fertigungskosten der Spinnereikostenstellen Mischerei/Wolferei, Krempelei, Spinnerei und Packerei zusammen und wird auf eine Partiegröße von 1000 kg bezogen.

6.1 Abhängigkeit der Spinnmarge von der metrischen Nummer

6.11 Darstellung der Ergebnisse

Viele Betriebe der Streichgarnbranche kalkulieren mit Hilfe einer Äquivalenzziffernmethode. Als Grundlage hierfür dient der sogenannte »Kölner Schlüssel«, der die Abhängigkeit der Spinnmarge von der metrischen Nummer angibt. So kann z. B. von einer bekannten Spinnmarge für Nm 10 = 100% auf die unbekannte Spinnmarge einer anderen Nm umgerechnet werden. Mit Hilfe der durch den Betriebsvergleich ermittelten Werte für die Spinnmarge soll nachgeprüft werden, ob der bereits vor mehreren Jahren aufgestellte »Kölner Schlüssel« noch den heutigen Gegebenheiten entspricht.
Zur Untersuchung der Abhängigkeit der Kosten von der Nummer des Garnes ist es erforderlich, zu jeder Partie die metrische Nummer, die gesponnene Menge und die Maschinenstunden zu erfassen. Da jedoch für den Abrechnungszeitraum des Jahres 1958 keine Unterlagen der Betriebe über die Maschinenstunden der einzelnen Partien in der Spinnerei vorlagen, konnte mit den vorhandenen Daten lediglich die Spinnmarge über den Abrechnungszeitraum gemittelt und die zugehörige Durchschnittsnummer bestimmt werden. Die durchschnittliche metrische Garnnummer für den Abrechnungszeitraum ergab sich aus dem Verhältnis der Summe der gesponnenen Garnlängen zur Summe der hergestellten Garnmengen.
In Abb. 13 sind von allen Betrieben die monatlichen Durchschnittsbeträge der Spinnmarge über der metrischen Durchschnittsnummer aufgetragen. Es zeigte sich eine starke Streuung der Punkte, so daß kein eindeutiger Kurvenverlauf erkennbar ist. Mit Hilfe einer Regressionsrechnung wurde eine Gerade gefunden, die den allgemeinen Verlauf des Punkthaufens möglichst gut wiedergibt.
Im Jahre 1959 lagen Aufschreibungen der Betriebe über die einzelnen Partien vor. Nun konnte der Zusammenhang zwischen Spinnmarge und metrischer Nummer untersucht werden, ohne daß man sich wieder auf Durchschnittswerte stützen mußte. Für jede einzelne Partie wurden die Kosten der Wolferei und Packerei über die eingemischte bzw. gesponnene Menge errechnet, während die Kosten der Krempelei und Spinnerei über die Maschinenstunden bzw. - wo vorhanden -

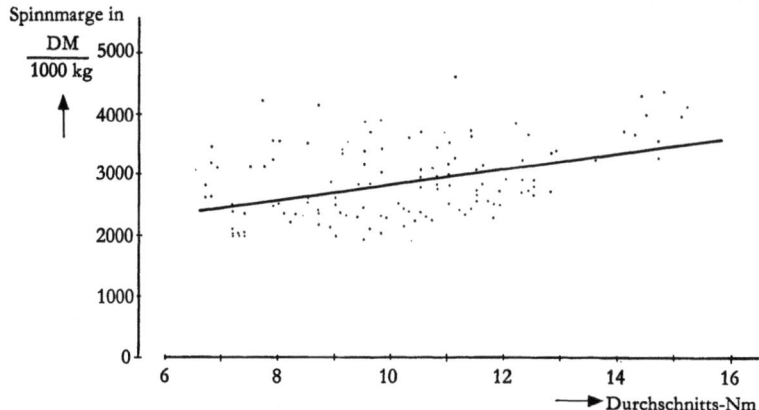

Abb. 13 Regressionsgerade der Spinnmarge in Abhängigkeit von der Feinheit des Garnes im Jahre 1958

über die Spindelstunden ermittelt wurden. Die Summe dieser Kosten je Partie wurde über die gesponnene Menge auf den Spinnmargebetrag in DM pro 1000 kg umgerechnet. Eine Einbeziehung der Garndrehung als zweite Einflußgröße neben der metrischen Nummer auf die Spinnmarge erwies sich wegen des geringen Bestimmtheitsmaßes zwischen Drehung und Spinnmarge als unnötig.

Für jeden Betrieb mit vollständigen Angaben über die einzelnen Partien wurde eine Regressionsgerade errechnet, welche die Abhängigkeit der Spinnmarge von der metrischen Nummer wiedergibt. Setzt man den Spinnmargebetrag für die metrische Nummer 10 gleich 100% und trägt die Regressionsgeraden aller Betriebe in ein Diagramm ein, so entsteht das in Abb. 14 dargestellte Geradenbüschel. Die gestrichelte Gerade stellt das arithmetische Mittel der Regressionsgeraden dar und kennzeichnet den prozentualen Anstieg der Spinnmarge bei feiner wer-

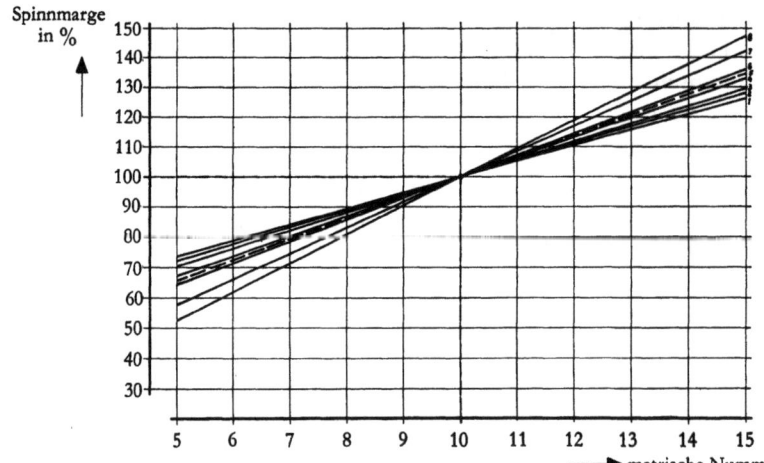

Abb. 14 Regressionsgeraden der Spinnmarge in Abhängigkeit von der Feinheit des Garnes im Jahre 1959

dender Garnnummer, der über die verschiedenen Betriebe gemittelt ist. Diese mittlere Regressionsgerade entspricht der gestrichelten Linie 5 im Diagramm Abb. 14. Mit Hilfe dieser Funktionen ist es möglich, die bei den monatlichen und jährlichen Auswertungen ermittelten Spinnereikosten auf eine einheitliche Garnnummer z. B. auf Nm 10, umzurechnen und dadurch den Einfluß der unterschiedlichen metrischen Nummer bei der zwischenbetrieblichen Gegenüberstellung der Kosten auszuschalten. Die Kurve von 1958 konnte noch nicht als Grundlage für eine Kalkulation dienen, weil die Zahl der vorhandenen Werte, welche der Korrelation zugrunde liegen, für allgemeingültige Aussagen zu gering ist und die in die Rechnung eingegangenen Beträge der Spinnmarge nur monatliche Durchschnittswerte darstellen. Im Jahre 1959 wurde dagegen eine lineare Regression aus vielen Partieeinzelwerten errechnet.

In Abb. 15 sind die Ergebnisse des Kölner Schlüssels (= Berliner Sätze aus dem Jahre 1940), die im Betriebsvergleich des Jahres 1959 ermittelten Aachener Sätze und die Düsseldorfer Sätze aus dem Jahre 1961 gegenübergestellt. Im Bereich zwischen Nm 9 und Nm 11 stimmen die drei Kurven völlig überein. Die Berliner und Düsseldorfer Sätze decken sich sogar in einem noch größeren Nummernbereich, nämlich zwischen Nm 4 und Nm 11.

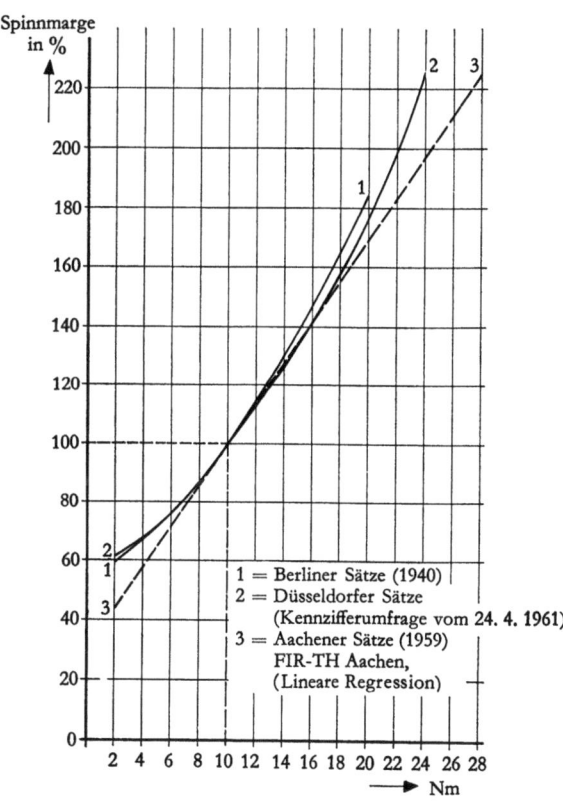

Abb. 15 Näherungsweise Abhängigkeit der Spinnmarge von der Feinheit des Garnes

Heute kalkulieren die Streichgarnspinnereien noch weitgehend nach dem Kölner Schlüssel. Lediglich bei feineren Nummern als Nm 11 werden die prozentualen Steigerungssätze nicht in voller Höhe übernommen, weil dann die Endpreise der Garne zu hoch liegen würden. Eine derartige Kalkulation ist aber gefährlich, weil die entstandenen Fertigungskosten hierdurch unter Umständen nicht ganz hereingeholt werden.

Die Aachener Sätze weichen im Grobgarn- und Feingarnbereich stark vom Kölner Schlüssel ab. Es wird daher einer weiteren, für das Jahr 1961 geplanten Untersuchung vorbehalten sein, die Abhängigkeit der Spinnmarge von der metrischen Nummer mit Hilfe einer quadratischen Regressionsrechnung zu ermitteln und den Kölner Schlüssel hiermit erneut zu überprüfen.

In der folgenden Tabelle werden die der Abb. 15 zugrunde liegenden Zahlenwerte angegeben:

Näherungsweise Abhängigkeit der Spinnmarge von der Feinheit des Garnes

Nm	Berliner Sätze (1940) Spinnmarge in %	Düsseldorfer Sätze (1961) Spinnmarge in %	Aachener Sätze (1959) Spinnmarge in %
2	59	61	44
3	63	64	51
4	67	68	58
5	71	72	65
6	76	76	72
7	81	81	79
8	87	87	86
9	93	93	93
10	100	100	100
11	106	106	106
12	115	113	114
13	122	119	121
14	131	127	128
15	139	134	135
16	149	142	142
17	157	151	149
18	166	159	155
19	174	166	162
20	184	175	169
21		(187)	176
22		(198)	183
23		(213)	190
24		(226)	197
25			204
26			211
27			218
28			225

6.12 Regressionsrechnung

Im folgenden wird die Methode der Regressionsrechnung kurz erläutert:

Eine funktionelle Abhängigkeit einer Variablen (y) von einer unabhängigen Variablen (x) ist gegeben, wenn je einem Wert (x) aus einem Bereich (D) stets ein bestimmter Wert (y) zugeordnet ist. Man schreibt dann

$$y = f(x)$$

und sagt, (y) sei eine Funktion von (x), und der Wertbereich (D) sei der Definitionsbereich der Funktion y = f(x).

Bei den meisten praktischen Messungen ist die Abhängigkeit der Zielgröße (y) jedoch schwächer als die eben erwähnte funktionelle Abhängigkeit. Man spricht dann von einer stochastischen Abhängigkeit (Korrelation) einer Zielgröße (y) von einer Einflußgröße (x), wenn bei wiederholten Messungen je einem Wert (x) nicht stets der gleiche Wert von (y), sondern eine Reihe mehr oder weniger voneinander abweichender Werte zugeordnet werden.

Wenn z. B. dem Wert {x = 3,5} folgende Werte für y entsprechen

$$\begin{Bmatrix} 9,5 \\ 10,2 \\ 9,8 \\ 10,5 \end{Bmatrix},$$

so sagt man bei x = 3,5 habe y den Mittelwert

$$\bar{y} = \frac{9,5 + 10,2 + 9,8 + 10,5}{4} = 10$$

Schreibt man y = f(x) im Falle einer stochastischen Abhängigkeit der Zielgröße (y) von der Einflußgröße (x), so meint man damit einen solchen funktionellen Zusammenhang zwischen (x) und (y), der den stochastischen Zusammenhang am besten repräsentiert.

Repräsentiert eine Funktion y = f(x) eine Korrelation zwischen (x) und (y), so heißt (f(x)) eine Regression. Eine Regression ist also der quantitative Ausdruck einer Korrelation. Berücksichtigt man nur eine Einflußgröße, d. h. also zwei Variable, so spricht man von einer Regressionslinie, bei zwei Einflußgrößen und einer Zielgröße, also drei Variablen, spricht man von einer Regressionsfläche usw.

Bei Berücksichtigung nur einer oder zweier Einflußgrößen streuen die Werte um die Regressionskurve bzw. -fläche. Die Streuung ist also ein Maß für die Ungenauigkeit der Regression. Je enger sich die Meßpunkte um die Regressionskurve scharen, desto schärfer ist diese bestimmt.

Die Regressionslinie als graphischer Ausdruck des Zusammenhanges zwischen den beiden Größen (y) und (x) gilt als der wahrscheinlichste und anschaulichste Zusammenhang. Sie ist gleichzeitig der geometrische Ort der größten Häufigkeit pro Merkmalsklasse.

Die Gleichung für die Regressionskurve ergibt sich mit Hilfe der Methode der kleinsten Quadrate

$$S(y_i - Y_i)^2 = \text{Minimum}, \tag{1}$$

y_i = beobachtete Werte
Y_i = errechnete Werte

wobei für Y_i bei einer linearen Regression, d. h. einer Regressionsgeraden, der Ansatz gemacht wird

$$Y = a_1 + b_1 x \tag{2}$$

oder, falls eine Kurve zweiten Grades den Punkthaufen besser repräsentieren sollte,

$$Y = a_2 + b_2 x + c_2 x^2 \tag{3}$$

Um zwei Einflußgrößen zu berücksichtigen, ist es notwendig, für lineare Regression

$$Y = a_3 + b_3 x_1 + c_3 x_2 \tag{4}$$

anzusetzen. Der Ansatz für eine quadratische Regression mit zwei Einflußgrößen schließlich lautet:

$$Y = a_4 + b_4 x_1 + c_4 x_2 + d_4 x_1 x_2 + e_4 x_1^2 + f_4 x_2^2 \tag{5}$$

Ein Polynomansatz noch höherer Ordnung bzw. die gleichzeitige Berücksichtigung weiterer Einflußgrößen ist wegen des unverhältnismäßig steigenden notwendigen Rechenaufwandes nicht angebracht.

Auch in der einschlägigen Literatur beschränkt man sich bei den Beispielen im allgemeinen auf ein bis zwei Einflußgrößen und linearen, höchstens quadratischen Polynomansatz.

Durch Ersetzen von Y in (1) und anschließende partielle Differentiation ergeben sich nach den Regeln der Differentialrechnung die Bestimmungsgleichungen für die Faktoren a, b usw. und damit die Gleichung der Regressionskurve. Für linearen Ansatz und eine Einflußgröße wird z. B. nach Einsatz von (2) in (1) aus

$$\frac{\partial S}{\partial a_1} = 0 \quad \text{und} \quad \frac{\partial S}{\partial b_1} = 0$$

$$b_1 = \frac{\sum_{i=1}^{N}(x_i - \bar{x}) \cdot (y_i - \bar{y})}{\sum_{i=1}^{N}(x_i - \bar{x})^2} = \frac{Sxy - \dfrac{Sx\, Sy}{N}}{Sx^2 - \dfrac{(Sx)^2}{N}} \quad \text{und} \tag{6}$$

$$a_1 = \frac{Sy}{N} - b_1 \cdot \frac{Sx}{N} = \bar{y} - b_1 \cdot \bar{x},$$

wobei N = Zahl der Meßwerte und $\bar{x}, \bar{y}$ = Mittelwerte sind.

Entsprechende Formeln lassen sich auch für zwei Einflußgrößen und quadratischen Ansatz entwickeln. Die Faktoren (a) und (b) gelten jedoch jeweils nur für die der Rechnung zugrunde liegenden (x)- und (y)-Werte.

Durch die Berechnung der Regressionskoeffizienten ist noch nichts über die Güte der Korrelation zwischen zwei Variablen gesagt.

Die Güte der Regression läßt sich durch einen Zahlenfaktor ausdrücken. Ein solcher Zahlenfaktor ist das Bestimmtheitsmaß (B). Bei (B = 0) besteht kein, bei (B = 1) ein funktioneller Zusammenhang. Die Zwischenwerte im Intervall (0; 1) drücken den Grad der tatsächlich vorhandenen Abhängigkeit zwischen Einflußgröße und Zielgröße aus. Beträgt (B) bei einer einfachen Regression z. B. 0,8, also 80%, so heißt das, daß die Veränderung der Bezugsgröße, im vorliegenden Falle also der Spinnmarge, zu 80% durch eine Veränderung der Einflußgröße zu erklären ist, während die restlichen 20% auf die Einwirkung anderer Größen zurückzuführen sind.

Statt des Bestimmtheitsmaßes kann man auch den Korrelationskoeffizienten (r) berechnen. Der Zusammenhang zwischen (B) und (r) ist gegeben durch die Beziehung:

$$r = \sqrt{B}$$

Während also (B) sich im Intervall (0; 1) bewegt, kann (r) alle Werte zwischen (— 1) und (+ 1) annehmen. Es ist jedoch üblich, mit dem Bestimmtheitsmaß zu rechnen, weil es anschaulicher ist als der Korrelationskoeffizient.

Das Bestimmtheitsmaß (B) ist nach LINDER definiert zu:

$$B = \frac{\dfrac{1}{N-1} \sum_{i=1}^{N} (Y_i - \overline{y})^2}{\dfrac{1}{N-1} \sum_{i=1}^{N} (y_i - \overline{y})^2} \tag{7}$$

Für den Spezialfall der linearen Regression und bei Berücksichtigung nur einer Einflußgröße lautet es:

$$B = \frac{\left[\dfrac{1}{N-1} \sum_{i=1}^{N} (x_i - \overline{x}) \cdot (y_i - \overline{y})\right]^2}{\dfrac{1}{N-1} \sum_{i=1}^{N} (x_i - \overline{x})^2 \cdot \dfrac{1}{N-1} \sum_{i=1}^{N} (y_i - \overline{y})^2} \tag{8}$$

6.2 Abhängigkeit der Spinnmarge von der Partiegröße

Um die Abhängigkeit der Kosten von der Auftragsgröße zu untersuchen, wurde zunächst für jeden Betrieb die durchschnittliche Partiegröße für den jährlichen Abrechnungszeitraum ermittelt, die sich aus dem Verhältnis von ausgebrachter Menge der Spinnerei in kg zur Anzahl der Partien ergibt.

In den Abb. 11 und 12 sind die durchschnittlichen Spinnmargen der Betriebe im Jahre 1958 bzw. 1959 eingetragen, und zwar nach ihrer Höhe geordnet. Die zusätzlich eingezeichneten schwarzen Säulen geben die zugehörige durchschnittliche

Partiegröße an. Es ist die Tendenz festzustellen, daß kleine Partiegrößen große Spinnmargen verursachen. Diese Darstellung kann als Anregung zu Maßnahmen dienen, die eine wirtschaftlichere Partiegröße anstreben.

Um einen genaueren Überblick zu erhalten, welche Partiegrößen die Betriebe bearbeiten, wurde eine Einstufung der Partien in Größenklassen von jeweils 100 kg Unterschied vorgenommen und der Anteil dieser verschiedenen Partiegrößen an der Produktion errechnet. Die Anteile sind nach der Zahl der Partien und nach dem prozentualen Gewichtsanteil an der Gesamtproduktion ermittelt worden. Die Häufigkeit der verschiedenen Garnnummern im Produktionsprogramm wurde auf die gleiche Weise bestimmt.

Diese Untersuchungen über die Größe und die metrische Nummer der gesponnenen Partien wurden im Jahre 1959 für die am Vergleich teilnehmenden Firmen durchgeführt. Die Darstellung der Ergebnisse erfolgte in Tabellen und Häufigkeitsschaubildern. Hieraus können die Betriebe Ansatzpunkte zur Bereinigung ihres Produktionsprogrammes entnehmen, z. B. zur Ausschaltung von kaum verlangten Garnnummern. Zum anderen sehen die Betriebe den Anteil der kleinen Partien und erkennen durch Gegenüberstellung von Partiezahl und prozentualem Gewichtsanteil an der Gesamtproduktion auch die Nummernbereiche, in denen die kleinen Partien hauptsächlich hergestellt wurden.

Gerade die Herabsetzung des Anteils der kleinen Partien dürfte im allgemeinen – wie die Untersuchung über die Abhängigkeit der Spinnmarge von der Partiegröße beweist – zu einer spürbaren Senkung der Kosten führen.

7. Zusammenfassung der Ergebnisse und Einschränkung der Vergleichbarkeit

Bei der vorliegenden Untersuchung handelt es sich um einen Betriebsvergleich mit standardisierten Kosten. Diese Kosten wurden auf die Produktionsmenge der Fertigungskostenstelle bezogen, einmal, um keine absoluten Zahlen der teilnehmenden Firmen bekanntzugeben, und zum anderen, um einen Vergleich der Kostenwerte von Betrieben unterschiedlicher Größe zu ermöglichen. Als Einheit wurde 1000 kg durchgesetzte Menge der einzelnen Fertigungskostenstellen gewählt.

Der Betriebsvergleich wurde so durchgeführt, daß er im betrachteten Zeitabschnitt eine zwischenbetriebliche Gegenüberstellung aller auf die Menge bezogenen Kosten der Fertigungskostenstelle gestattet. Den Fertigungskostenstellen wurden alle Kosten zugerechnet, die direkt oder durch Umlage auf diese verteilt werden können.

Auch die Kosten, die nicht den Fertigungsbereich betreffen, sind in den Vergleich hereingenommen worden. Das sind im einzelnen die Materialgemeinkosten, die auf die in der Spinnerei produzierte Menge bezogen werden, und die Verwaltungs- und Vertriebskosten, denen die Fertigungskosten als Bezugsbasis dienen.

Aus dem Jahresergebnis wurde für jede Fertigungskostenstelle der Betrieb mit den jeweils geringsten Kosten als Bestbetrieb herausgestellt. Die monatlichen Auswertungen liefern den Betrieben genaue Unterlagen über ihre Kostenentwicklung im Verlauf des Jahres.

Die Zusammenfassung der Fertigungskosten der vier Spinnereikostenstellen Mischerei/Wolferei, Krempelei, Spinnerei und Packerei in DM/1000 kg ergibt die Spinnmarge. Die monatlichen Beträge der Spinnmarge und die durchschnittliche metrische Nummer wurden im Jahre 1958 zur Untersuchung der Regression zwischen diesen beiden Größen benutzt. Außerdem wurde die Abhängigkeit der Kosten von der Auftragsgröße durch die Abhängigkeit der Spinnmarge von der durchschnittlichen Partiegröße aufgezeigt.

Bei der Beziehung zwischen Spinnmarge und metrischer Nummer ist als Einschränkung für den Aussagewert zu beachten, daß der 1958 errechneten Regressionsgeraden nur monatliche Durchschnittswerte und infolgedessen auch relativ wenige Werte zugrunde liegen. Eine mit Hilfe dieser Regressionsgeraden ermittelte Spinnmarge kann daher nicht für die Kalkulation, sondern nur für einen überschlägigen Vergleich mit den eigenen Kalkulationsunterlagen verwendet werden.

Vom Jahre 1959 an konnten für jede Partie die Maschinenstunden der Spinnerei und Krempelei erfaßt werden. Hiermit war nun die Grundlage für eine Einzelpartieabrechnung geschaffen.

Die Maschinen- und Gebäudepläne der Betriebe wurden vereinbarungsgemäß nicht bekanntgegeben, um beim Vergleich die Anonymität der Firmen nicht zu gefährden. Dadurch gingen jedoch einige wertvolle Vergleichsmöglichkeiten verloren.

Grundsätzlich ist bei der vergleichenden Gegenüberstellung der Spinnereikostenstellen, insbesondere der Spinnerei und Krempelei, noch zu bedenken, daß die Aussagefähigkeit der auf 1000 kg bezogenen Kostenwerte beschränkt ist, weil sie sich bei den einzelnen Betrieben auf unterschiedliche durchschnittliche Garnnummern beziehen.

Die geschilderte Methode und die Durchführung des Betriebsvergleichs stellen die Grundlage für Kosten- und Leistungsvergleiche in den Streichgarnspinnereien über mehrere Jahre dar. Es ist vorgesehen, in einem zweiten Teil die Ergebnisse des Betriebsvergleiches aus den Jahren 1960 und 1961 wiederzugeben. Im gleichen Heft wird die Überprüfung des Kölner Schlüssels mit Hilfe einer quadratischen Regressionsrechnung veröffentlicht werden.

8. Kostenarten- und Kostenstellenplan

Kostenarten (Kontenklasse 4)

Rohmaterial

(einschließlich Bezugskosten, Verpackung, Umsatzausgleichssteuer, Eingangszoll usw.)

4001 Merino
4002 Crossbred
4003 Sonstige Wollen und Wollabgänge
4004 Reißwolle und deren Abgänge
4005 Zellwolle und deren Abgänge
4006 Synthetische Fasern und deren Abgänge
4007 Baumwolle und deren Abgänge
4008 Noppen, Effekte, Haare aus synthetischen Fasern usw.
4009 Tierhaare
4010 Unsortierte Hadern (Lumpen)
4011 Sortierte Hadern (Lumpen)

Hilfsstoffe

(einschließlich Bezugskosten usw.)

4100 Schmälzmittel und Avivagen
4110 Waschmittel
4111 Netzmittel
4112 Weichmachungsmittel
4120 Chromierungsfarbstoffe
4121 Neutralziehende Farbstoffe
4122 Säureziehende Farbstoffe
4123 Leicht egalisierende Säurefarbstoffe
4124 Walkfarbstoffe
4125 Substantive Farbstoffe
4126 Schwefelfarbstoffe
4127 Küpenfarbstoffe
4128 Naphtolfarbstoffe
4129 Sonstige Farbstoffe
4130 Chemikalien
4140 Hülsen
4150 Verpackungsmittel (für Versand)
4160 Sonstige Hilfsstoffe

Betriebsstoffe und Energie

(einschließlich Bezugskosten usw.)

4200	Heizmaterial (einschließlich Fremddampf)
4210	Treibstoffe
4220	Büromaterial
4230	Ersatzteile
4231	Reparaturmaterial
4232	Werkzeuge
4240	Beschläge der Reißwölfe
4241	Kratzengarnituren und Sägezahndraht
	42410 Kratzengarnituren
	42411 Sägezahndraht
4242	Lederzeug der Krempeln
	42420 Nitschelhosen
	42421 Florteilerriemchen
4243	Ringläufer
4244	Seile und Schnüre
	42440 Spindelschnüre
	42441 Spindelbänder
	42442 Seile
4250	Öle und Fette
4251	Putzmaterial
4252	Treibriemen
4253	Kleines Inventar (bis 100 DM)
4254	Sonstiges Material
4260	Fremdstrom
4270	Fremdgas
4280	Fremdwasser
4298	Auszugliederndes Material

Fremde Lohnarbeiten

    43   Fremde Lohnarbeiten

Löhne und Gehälter

(einschließlich Prämien und Tantiemen)

4400	Fertigungslöhne
4410	Hilfslöhne
4420	Überstunden-, Nacht- und Feiertagszuschläge
4430	Urlaubs-, Ferien- und Feiertagslöhne
4431	Krankengeldzuschuß
4440	Auszugliedernde Löhne
4460	Gehälter

Soziale Aufwendungen und Zuwendungen

4500 Gesetzliche und tarifliche Sozialbeiträge für Lohnempfänger
4501 Gesetzliche und tarifliche Sozialbeiträge für Gehaltsempfänger
4520 Beiträge zur Berufsgenossenschaft für Lohnempfänger
4521 Beiträge zur Berufsgenossenschaft für Gehaltsempfänger
4530 Familienausgleichskasse für Lohnempfänger
4531 Familienausgleichskasse für Gehaltsempfänger
4540 Sonstige gesetzliche und tarifliche Sozialaufwendungen
4560 Gratifikationen für Lohnempfänger
4561 Gratifikationen für Gehaltsempfänger
4570 Sachleistungen für Lohnempfänger
4571 Sachleistungen für Gehaltsempfänger
4580 Renten und Pensionen für Lohnempfänger
4581 Renten und Pensionen für Gehaltsempfänger
4590 Unterstützungen für Lohnempfänger
4591 Unterstützungen für Gehaltsempfänger

Kalkulatorische Kosten und Reparaturen durch Fremde

4600 Kalkulatorische Abschreibungen für Maschinen
4601 Kalkulatorische Abschreibungen für Gebäude
4610 Kalkulatorische Zinsen für Anlagevermögen
4611 Kalkulatorische Zinsen für Umlaufvermögen
4612 Kalkulatorische Zinsen für Abzugskapital
4640 Kurzlebige und geringwertige Wirtschaftsgüter
 (Wert über 100 DM bis 600 DM)
4650 Maschinenreparaturen und Instandsetzungen durch Fremde
4651 Gebäudereparaturen und Instandsetzungen durch Fremde
4652 Sonstige Reparaturen durch Fremde

Steuern, Gebühren, Beiträge, Versicherungen

4700 Grund- und Gebäudesteuer
4710 Gewerbesteuer (einschließlich Lohnsummensteuer)
4720 Vermögenssteuer (außer bei Personengesellschaften)
4730 Kraftfahrzeugsteuer
4731 Beförderungssteuer
4740 Sonstige Steuern
4750 Gebühren für Wasserrechte
4751 Sonstige Gebühren (TÜV, Müllabfuhr, Straßenreinigung usw.)
4760 Beiträge
4780 Kraftfahrzeugversicherung
4781 Feuerversicherung
4782 Diebstahlversicherung
4783 Haftpflichtversicherung

4784 Kreditversicherung
4785 Maschinenversicherung
4786 Betriebsunterbrechungsversicherung
4787 Sonstige Versicherungen
4788 Einheitsversicherungen

Verschiedene Aufwendungen

4800 Postaufwand
4810 Reiseaufwand
4820 Vertreteraufwand (ohne Provision)
4830 Werbeaufwand
4840 Rechts-, Beratungs- und Prüfungsaufwand, Lizenzen und Patente
4850 Fremdmusterungsaufwand
4860 Spesen des Geld- und Kreditverkehrs, effektive Zinsen und Wechselsteuer
4870 Mieten und Pachten
4880 Frachten für Leergutrücksendungen (Lieferantenleergut)
4890 Sonstige Aufwendungen

Sondereinzelkosten des Vertriebs (»Endzuschläge«)

4900 Ausgangsfrachten (ohne Paketporti)
4910 Ausgangszölle
4920 Provisionen
4930 Kundenskonti
4940 Umsatzsteuer
4941 Zusatzsteuer
4950 Vorzinsen
4960 Delkredereversicherung
4970 Erlösschmälerungen aus Rücknahmen, Preisnachlässen usw.
4990 Sonstige Sondereinzelkosten

Kostenstellen (Kontenklasse 6)

Fertigungskostenstellen

Spinnereivorbereitung

6111 Hadernsortiererei
6112 Hadernkarbonisiererei
6113 Reißerei
6114 Droussiererei
6121 Färberei
6122 Wäscherei (Spülen)
6123 Trocknerei

Spinnerei

6211 Mischerei/Wolferei
6212 Krempelei
6221 Spinnerei
6222 Packerei (einschließlich Umspulen von Krüppelkopsen)

Spulerei, Zwirnerei, Haspelei usw.

6311 Spulerei
6312 Zwirnerei
6321 Haspelei und Weiferei
6322 Strangwäscherei
6330 Dämpferei

Nebenkostenstellen

6411 Rohmateriallager
6412 Fertigwarenlager
6421 Ersatzteil- und Reparaturmateriallager
6422 Hilfsstofflager
6423 Betriebsstofflager
6431 Schlosserei
6432 Elektrowerkstatt
6433 Schreinerei
6440 Bauabteilung
6451 Dampferzeugung und -verteilung
6452 Stromerzeugung und -verteilung
6453 Wasserförderung und -verteilung
6461 Innerbetrieblicher Transport
6462 Außerbetrieblicher Transport
6463 Sonstige Kraftfahrzeuge (PKW)
6470 Gebäude

Allgemeine und Verwaltungskostenstellen

6510 Geschäftsführung
6521 Einkauf
6522 Fertigung
6523 Labor
6531 Versand
6532 Verkauf
6541 Finanzbuchhaltung
6542 Betriebsbuchhaltung
6543 Lohnbuchhaltung
6551 Pförtner

6552 Nachtwächter
6553 Feuerwehr
6554 Kantine
67 Sondereinzelkosten des Vertriebs
68 Auszugliedernde Kosten
69 Betrieb allgemein

FORSCHUNGSBERICHTE DES LANDES NORDRHEIN-WESTFALEN

Herausgegeben im Auftrage des Ministerpräsidenten Dr. Franz Meyers
von Staatssekretär Prof. Dr. h. c. Dr.-Ing. E. h. Leo Brandt

RATIONALISIERUNG

HEFT 1052
Prof. Dr.-Ing. Joseph Mathieu, Dr. rer. nat. Konstantin Behnert und Dipl.-Ing. Johann Heinrich Jung, Forschungsinstitut für Rationalisierung an der Rhein.-Westf. Technischen Hochschule Aachen
Mathematisch-organisatorische Studie zur Planung der Kapazität von Betriebsanlagen
1961, 62 Seiten, DM 20,60

HEFT 1073
Prof. Dr.-Ing. Joseph Mathieu, Dr. rer. pol. Roland A. Schmitz und Dipl.-Kfm. Paul Müller-Giebeler, Forschungsinstitut für Rationalisierung an der Rhein.-Westf. Technischen Hochschule Aachen
Untersuchung über Grundlagen und Anwendbarkeit von Vertriebskosten-Vergleichen
1962, 79 Seiten, zahlr. Abb., 5 Tabellen, DM 39,—

HEFT 1111
Prof. Dr.-Ing. Joseph Mathieu und Dr.-Ing. Werner Zimmermann, Institut für Arbeitswissenschaft der Rhein.-Westf. Technischen Hochschule Aachen
Bestimmung des optimalen Produktionsprogrammes in Industriebetrieben
1962, 65 Seiten, 19 Abb., 19 Tabellen, 11 Simplex-Tabellen, DM 54,60

HEFT 1112
Prof. Dr.-Ing. Joseph Mathieu, Dipl.-Ing. Alfred Schnadt, Dipl.-Ing. Hans Schönefeld und Dr.-Ing. Werner Zimmermann, Institut für Arbeitswissenschaft der Rhein.-Westf. Technischen Hochschule Aachen
Beschäftigung und Ausbildung technischer Führungskräfte
1962, 108 Seiten, 2 Abb., 69 Tabellen, DM 49,50

HEFT 1174
Deutsches Krankenhausinstitut e. V., Düsseldorf
Strahlenuntersuchungen und Strahlenbehandlungen — Organisation und Arbeitsablaufgestaltung in Strahlenabteilungen Allgemeiner Krankenhäuser

HEFT 1181
Prof. Dr.-Ing. Joseph Mathieu und Dipl.-Ing. Kurt Gollnow, Forschungsinstitut für Rationalisierung an der Rhein.-Westf. Technischen Hochschule Aachen
Beitrag zur Rationalisierung handwerklicher Betriebe — Entwicklung einer Untersuchungsmethode, dargestellt am Beispiel des Schreinerhandwerks
1963, 118 Seiten, 19 Abb., zahlr. Übersichten DM 62,50

HEFT 1216
Prof. Dr.-Ing. Joseph Mathieu, Dr.-Ing. Johann Heinrich Jung und Dr. rer. nat. Konstantin Behnert, Forschungsinstitut für Rationalisierung an der Rhein.-Westf. Technischen Hochschule Aachen
Ein Verfahren zur Planung der Maschinenbelegung in einer Fertigungsstufe
1963, 39 Seiten, 18 Abb., DM 19,50

HEFT 1225
Prof. Dr.-Ing. Joseph Mathieu, Dipl.-Ing. Johannes Georg Endter und Dr. phil. Carl Alexander Roos, Forschungsinstitut für Rationalisierung an der Rhein.-Westf. Technischen Hochschule Aachen
Der Ingenieur im industriellen Vertrieb
1963, 100 Seiten, 2 Abb., 49 Tabellen, DM 39,40

HEFT 1227
Prof. Dr.-Ing. Joseph Mathieu und Dr.-Ing. Wolfgang Frenz, Forschungsinstitut für Rationalisierung an der Rhein.-Westf. Technischen Hochschule Aachen
Untersuchungen zur Arbeitszeiteinteilung in kontinuierlich arbeitenden Betrieben
1963, 65 Seiten, zahlr. Tabellen, DM 36,—

HEFT 1228
Dr.-Ing. Wolfgang Frenz, Forschungsinstitut für Rationalisierung an der Rhein.-Westf. Technischen Hochschule Aachen, Direktor: Prof. Dr.-Ing. Joseph Mathieu
Beitrag zur Messung der Produktivität und deren Vergleich auf der Grundlage technischer Mengengrößen
1963, 53 Seiten, DM 24,50

HEFT 1229
Dr.-Ing. Georg Ringenberg, Forschungsinstitut für Rationalisierung an der Rhein.-Westf. Technischen Hochschule Aachen, Direktor: Prof. Dr.-Ing. Joseph Mathieu
Ein Beitrag zur Beurteilung von Großzahlerscheinungen in der Arbeitswissenschaft mit Hilfe quantitativer Methoden

HEFT 1230
Dr.-Ing. Mostafa Hamdy Ahmed Hamdy, Rhein.-Westf. Technische Hochschule Aachen, Direktor: Prof. Dr.-Ing. Joseph Mathieu
Beitrag zur Kritik der Verfahren vorbestimmter Zeiten
In Vorbereitung

HEFT 1231
Dr.-Ing. Klaus-Günter Wendt, Forschungsinstitut für Rationalisierung an der Rhein.-Westf. Technischen Hochschule Aachen, Direktor: Prof. Dr.-Ing. Joseph Mathieu
Möglichkeiten und Grenzen der Ermittlung von fertigungstechnischen Kennzahlen und Richtwerten, erörtert am Beispiel der Zahnradherstellung
In Vorbereitung

HEFT 1232
Dr.-Ing. Friedrich Tübergen, Forschungsinstitut für Rationalisierung an der Rhein.-Westf. Technischen Hochschule Aachen, Direktor: Prof. Dr.-Ing. Joseph Mathieu
Untersuchung über Möglichkeiten zur Berücksichtigung unterschiedlicher Erzeugnisqualitäten bei der Produktivitätsmessung, erläutert am Beispiel einer spanabhebenden, feinmechanischen Fertigung.
1963, 76 Seiten, 14 Tafeln, DM 29,—

HEFT 1233
Dr.-Ing. Joachim P. Rockstuhl, Essen-Stadtwall
Untersuchung über Möglichkeiten einer verursachungsgerechten Zuordnung der im betrieblichen Fertigungsablauf entstehenden Kosten, insbesondere der Restgemeinkosten

HEFT 1237
Verband Deutscher Streichgarnspinner e. V., Düsseldorf
Betriebsvergleich in den Streichgarnspinnereien, Teil 1, bearbeitet vom Forschungsinstitut für Rationalisierung an der Rhein.-Westf. Technischen Hochschule Aachen
Direktor: Prof. Dr.-Ing. Joseph Mathieu

HEFT 1250
Dr. Friedrich Walter, Lehrbeauftragter für Regionale Statistik an der Universität Münster
Regionale Wirtschaftsstatistik nach Betrieben, ihre kartographische Auswertung und deren Bedeutung
In Vorbereitung

HEFT 1257
Dipl.-Ing. H. Lick, Dipl.-Ing. A. Prüßmann und Dipl.-Ing. J. M. Rychwalski, Institut für Elektrische Nachrichtentechnik der Rhein.-Westf. Technischen Hochschule Aachen
Beiträge zur Theorie und Praxis selbsttätiger elektrischer Brandmelde-Geber
II. Teil: Brandmeldung als nachrichtentechnisches Problem, Prüfung der thermischen Eigenschaften der Temperatur-Geber, Rauch als Merkmal eines Brandes, Auswertung von Brandstatistiken
1963, 76 Seiten, Zahlr. Abb., DM 39,50

HEFT 1259
Priv.-Doz. Dr. med. Dr. phil. Joseph Rutenfranz und Prof. Dr. med. Otto Graf, Max-Planck-Institut für Arbeitsphysiologie, Dortmund
Zur Frage der zeitlichen Belastung von Lehrkräften
1963, 53 Seiten, 7 Abb., 15 Tabellen, DM 24,—

HEFT 1265
Dr.-Ing. Fulvio Fonzi, Institut für Arbeitswissenschaft der Rhein.-Westf. Technischen Hochschule Aachen, Direktor: Prof. Dr.-Ing. Joseph Mathieu
Beitrag zur Anwendung mathematischer Methoden für eine wirtschaftlichere Gestaltung der Fertigung
In Vorbereitung

HEFT 1266
Prof. Dr.-Ing. Joseph Mathieu und Dr.-Ing. Johann Heinrich Jung, Forschungsinstitut für Rationalisierung an der Rhein.-Westf. Technischen Hochschule Aachen
Rechenprogramm und Beispielrechnung in einer Fertigungsstufe
1963, 33 Seiten, 3 Abb., 3 Tabellen, DM 15,60

HEFT 1269
Dipl.-Ing. K. H. Eberhard Kroemer, Max-Planck-Institut für Arbeitsphysiologie, Dortmund, Direktor: Prof. Gunther Lehmann
Bedienteile an Handpressen und anderen Werkzeugmaschinen

HEFT 1279
Karl-Heinz Böhling, Rhein.-Westf. Institut für Instrumentelle Mathematik, Bonn
Zur Strukturtheorie sequentieller Automaten
In Vorbereitung

HEFT 1290
Dr. rer. nat. Wolf-Dietrich Meisel, Rhein.-Westf. Institut für Instrumentelle Mathematik, Bonn
Zur Simulation einer digitalen Integrieranlage mittels eines elektronischen Rechenautomaten

HEFT 1291
Gerhard Schröder, Rhein.-Westf. Insitut für Instrumentelle Mathematik, Bonn
Über die Konvergenz einiger Jacobi-Verfahren zur Bestimmung der Eigenwerte symmetrischer Matrizen
In Vorbereitung

HEFT 1301
Dipl.-Ing. Peter Mevert, Forschungsinstitut für Rationalisierung an der Rhein.-Westf. Technischen Hochschule Aachen, Direktor: Prof. Dr.-Ing. Joseph Mathieu
Untersuchung über die Genauigkeit von Multimomentstudien
In Vorbereitung

HEFT 1306
Prof. Dr. E. Peschl und Dr. Karl Wilhelm Bauer, Rhein.-Westf. Institut für Instrumentelle Mathematik, Bonn
Über eine nichtlineare Differentialgleichung 2. Ordnung, die bei einem gewissen Abschätzungsverfahren eine besondere Rolle spielt
In Vorbereitung

HEFT 1307
Dipl.-Math. Jürgen R. Mankopf, Rhein.-Westf. Institut für Instrumentelle Mathematik, Bonn
Über die periodischen Lösungen der VAN DER POLschen Differentialgleichung $\ddot{x} + \mu (x^2 - 1) \dot{x} + x = 0$
In Vorbereitung

HEFT 1308
Heinz Ober-Kassebaum. Rhein.-Westf. Institut für Instrumentelle Mathematik, Bonn
Über die P-Separation der Schrödlinger-Gleichung und der Laplace-Gleichung in Riemannschen Räumen
In Vorbereitung

HEFT 1313
Joachim Hornung und Dr. med. Jürgen Stegemann, Max-Planck-Institut für Arbeitsphysiologie, Dortmund Direktor: Dr. med. Gunther Lehmann
Ein nichtlineares kybernetisches Modell für die Pupillenreaktion auf Licht
In Vorbereitung

Verzeichnisse der Forschungsberichte aus folgenden Gebieten können beim Verlag angefordert werden:

Acetylen/Schweißtechnik – Arbeitswissenschaft – Bau/Steine/Erden – Bergbau – Biologie – Chemie – Eisenverarbeitende Industrie – Elektrotechnik/Optik – Energiewirtschaft – Fahrzeugbau/Gasmotoren – Farbe/Papier/Photographie – Fertigung – Funktechnik/Astronomie – Gaswirtschaft – Holzbearbeitung – Hüttenwesen/Werkstoffkunde – Kunststoffe – Luftfahrt/Flugwissenschaften – Luftreinhaltung – Maschinenbau – Mathematik – Medizin/Pharmakologie/NE-Metalle – Physik – Rationalisierung – Schall/Ultraschall – Schiffahrt – Textiltechnik/Faserforschung/Wäschereiforschung – Turbinen – Verkehr – Wirtschaftswissenschaft

 SPRINGER FACHMEDIEN WIESBADEN GMBH

MIX
Papier aus verantwortungsvollen Quellen
Paper from responsible sources
FSC® C105338

If you have any concerns about our products,
you can contact us on
ProductSafety@springernature.com

In case Publisher is established outside the EU,
the EU authorized representative is:
**Springer Nature Customer Service Center GmbH
Europaplatz 3, 69115 Heidelberg, Germany**

Printed by Libri Plureos GmbH
in Hamburg, Germany